Serie JELU-RUEMAR
Propuestas para optimizar la enseñanza y el aprendizaje de la matemática.

ÁLGEBRA LINEAL

Matriz-Determinante
Filas Columnas
Componentes
Representación
matricial canónica rango
nulidad

SUB ESPACIO
DEPENDENCIA
INDEPENDENCIA LINEAL
ORTOGONALES
ORTONORMALES

Sexto tomo:
Matrices-determinantes-espacios vectoriales-transformaciones lineales.

POR: Scarlet C. Rueda M
2019

Presentación

En este tomo se ofrece al lector un soporte instruccional valido para iniciar y/o recapitular el manejo y aplicabilidad de algunos temas fundamentales del "Algebra Lineal".

Los contenidos desarrollados en el séptimo tomo de esta serie constituyen una organización de algunos tópicos del "Algebra Lineal", más estudiados en las diferentes ingenierías tales como:
Matrices –Determinantes
Espacios Vectoriales-Transformaciones lineales.
Los cuales se presentan de una manera muy resumida, pero sin perder lo fundamental para su entendimiento.

El mismo ha sido estructurado cuidadosamente; a fin de que el estudiante, como elemento más importante del proceso enseñanza-aprendizaje, disponga de un recurso útil que le permita cubrir exitosamente las etapas. En tal sentido, contara con una herramienta que le orientara al momento de realizar la exploración del tema a estudiar; así como para la recapitulación y/o ejercitación, del objetivo ya visto, para lo cual encontrara ejercicios propuestos al final del texto.

Se sugiere complementar el estudio con los textos y guías de ejercicios sugeridas por los docentes que administren el curso al que asiste.

La autora

SEMBLANZA DE LA AUTORA

La profesora Scarlet C. Rueda M. es egresada, en la especialidad de Matemática, del Instituto Universitario Pedagógico Experimental "Rafael Alberto Escobar Lara" ubicado en la ciudad de Maracay. Estado Aragua. Venezuela. Ha incursionado en la docencia desde el subsistema de pre escolar hasta educación superior, incluyendo educación especial. Entre los institutos donde ha desempeñado su labor se cuentan:
I.E.E Pre-escolar de Audición y Lenguaje." Maracay".
C.P.A.P.E.P "La Candelaria".
E.B "Simón Bolívar"
C.B.C "Cruz Verde"
C.B "Magdaleno"
U.B.E "Jose Rafael Revenga"
ESCUBAFAN
UBA
IUPFAN
IUPE" RAFAEL ALBERTO ESCOBAR LARA"
INCE-EPA
UNEFA.
IUTELV. Maracay. Entre otros...
Ha publicado otras obras certificadas tales como:
ALGEBRA LINEAL
FISICA BÁSICA
 MANUAL PRACTICO DE PLANIFICACIÓN EL AULA PROYECTO PEDAGOGICO. CONTROL ADMINISTRATIVO.
El AULA: MANUAL PARA EL TRABAJO PRÁCTICO DEL DOCENTE ADAPTADO AL NUEVO CURRICULO BASICO NACIONAL. Entre otras.

CONTENIDO

TEMAS	PAG.

UNIDAD I
MATRICES..6
TIPOS DE MA TRICES 9
OPERACIONES ELEMENTALES ENTRE MATRICES 21
DETERMINANTES 35

UNIDAD II
ESPACIOS VECTORIALES TRANSFORMACIONES 50
SUB ESPACIOS..56
DEPENDENCIA E INDEPENDENCIA LINEAL 58
BASE 60
CAMBIO DE BASE. MATRIZ DE TRANSICIÓN 67
PRODUCTO INTERNO 71
TRANSFORMACIONES LINEALES 79
REPRESENTACION MATRICIAL CANONICA DE UNA TRANSFORMACION LINEAL. 83
RANGO Y NULIDAD .... .85

UNIDAD III
EJERCICIOS PROPUESTOS 86
REFERENCIAS BIBLIOGRAFICAS ....

Serie Jelu-Ruemar. Profesora Scarlet C. Rueda M.

Algebra: **"Parte de la matemática que trata la cantidad considerada**
del modo más general, sirviéndose de letras y otros símbolos especiales para representarla"

Unidad I
Matrices y Determinantes

MATRICES

Al hablar de Método de resolución de Gauss-Jordan se mencionó una nueva clase de elemento llamado Matriz, el cual permitía escribir un sistema de ecuaciones sin las variables; siendo ésta una de sus múltiples aplicaciones se procede a continuación a la descripción de algunos aspectos importantes para el conocimiento del estudiante de ingeniería, entre otros, sobre las matrices.

Definición:

Una Matriz es un arreglo ordenado de elementos dispuestos en filas y columnas que presenta la forma:

$$A = \begin{bmatrix} a_{1,1} & a_{1,2} & \cdots & a_{1,n} \\ a_{2,1} & a_{2,2} & \cdots & a_{2,n} \\ \vdots & \vdots & \ddots & \vdots \\ a_{m,1} & a_{m,2} & \cdots & a_{m,n} \end{bmatrix}$$

Notación:

Se puede abreviar la notación para esta matriz expresándola como: $(a_{i,j}); i = 1,2,\ldots,m$ y $j=1,2,\ldots,n$.

Características:

Se dice que ésta es una matriz de ORDEN m por n (mxn) donde m es el número total de filas y n es el número total de columnas.

m indica la altura.

n indica la longitud

En la matriz anterior:

La primera columna es: $\begin{pmatrix} a_{1,1} \\ a_{2,1} \\ \vdots \\ a_{m,1} \end{pmatrix}$

y la primera fila es: $(a_{1,1} \quad a_{1,2} \quad \cdots \quad a_{1,n})$.
$(a_{i,j})$;es la Components i,J de la matriz.

Si dicha matriz se denota por A entonces la fila se denota A_i y se define como:
$A_i = (a_{i,1} \quad a_{i,2} \quad \cdots \quad a_{i,n})$.

La columna J se denota por A^j y se define como:
$$A^j = \begin{pmatrix} a_{1,j} \\ a_{2,j} \\ \vdots \\ a_{m,j} \end{pmatrix}$$

Nota:
Las filas de una matriz se pueden considerar como n-uplas horizontales y las columnas como m-uplas verticales.

En particular, $La\ matriz\ A = \begin{pmatrix} \frac{1}{2} & \frac{-3}{5} & 3 \\ 1 & 0 & \frac{-1}{2} \end{pmatrix}$ es una matriz de orden 2x3 ya que tiene 2 filas y 3 columnas.

Las filas son: $A_1 = \begin{pmatrix} \frac{1}{2} & \frac{-3}{5} & 3 \end{pmatrix}; A_2 = \begin{pmatrix} 1 & 0 & \frac{-1}{2} \end{pmatrix}$.

Las columnas son: $A^1 = \begin{pmatrix} \frac{1}{2} \\ 1 \end{pmatrix}; A^2 = \begin{pmatrix} \frac{-3}{5} \\ 0 \end{pmatrix}; A^3 = \begin{pmatrix} 3 \\ \frac{-1}{2} \end{pmatrix}$

Sus componentes son:
$a_{1,1} = \frac{1}{2}$; $a_{1,2} = \frac{-3}{5}$; $a_{1,3} = 3$; $a_{2,1} = 1$; $a_{2,2} = 0$; $a_{2,3} = \frac{-1}{2}$.

TIPOS DE MATRICES
MATRIZ COLUMNA (Vector columna):
Es una matriz de orden m x 1 es decir , la m-upla vertical $\begin{pmatrix} x_1 \\ x_2 \\ \vdots \\ x_m \end{pmatrix}$

MATRIZ FILA (Vector Fila):

Es una matriz de orden 1xn, es decir, la n-upla horizontal $(x_1 \; x_2 \; \cdots \; x_n)$

MATRIZ CUADRADA: Sea $(a_{i,j})$; con i=1,2,...,m y J = 1, 2,...,n. Si m = n entonces se dice que $(a_{i,j})$ es una matriz cuadrada. Por Ejemplo:

$$A = \begin{pmatrix} a & b & c \\ d & e & f \\ g & h & i \end{pmatrix}_{3x3} \quad y \quad B = \begin{bmatrix} -1 & -3 \\ 5 & \\ 0 & 1 \end{bmatrix}_{2x2}$$

Son matrices cuadradas

MATRIZ NULA:

Es toda matriz en la que $a_{i,j} = 0 \; \forall_{i,j}$.

Presenta la forma: $\begin{bmatrix} 0 & 0 & \cdots & 0 \\ 0 & 0 & \cdots & 0 \\ \vdots & \vdots & \ddots & \vdots \\ 0 & 0 & \cdots & 0 \end{bmatrix}$

Se representa con O.

Al comparar el No. de filas y el No. de columnas de 2 matrices encontramos que éstas pueden ser:

SEMEJANTES:

Si poseen el mismo orden. Las matrices:

$$M = \begin{pmatrix} 3 & 1 & 2 \\ 4 & 5 & -6 \end{pmatrix}_{2x3} \quad y \quad N = \begin{pmatrix} \frac{1}{2} & 9 & 6 \\ 2 & 3 & -1 \end{pmatrix}_{2x3}$$

Tienen el mismo orden (2x3), por tanto, son Semejantes

CONFORMABLES:

Cuando el número de columnas de la 1ra matriz es igual al número de filas de la segunda matriz. Tales como:

$$A = \begin{pmatrix} -6 & -3 \\ 4 & 2 \\ 1 & -2 \end{pmatrix}_{3x2} \quad y \quad B = \begin{pmatrix} 1 & 1 & 0 \\ 0 & 2 & -3 \\ 1 & 0 & 1 \end{pmatrix}_{3x3}$$

B es Conformable respecto a A, ya que el número de columnas de la matriz B es igual al número de filas de la matriz A.

$$\underbrace{3x3 \quad \wedge \quad 3x2}_{\text{n}^{\text{o}} \text{ de columnas de B=n}^{\text{o}} \text{ de filas de A}}$$

Pero A no es conformable respecto a B ya que el número de columnas de A es distinto al número de filas de B

$$\underbrace{3x2 \quad \wedge \quad 3x3}_{\text{No de col. (A)} \neq \text{No de filas (B)}}.$$

Al comparar los elementos o componentes de dos matrices encontramos que estas pueden ser:

IGUALES:

Sea A=$(a_{i,j})$ una matriz de orden m x n y B = $(b_{i,j})$ la matriz semejante talque, $\forall_{i,j}: b_{i,j} = a_{i,j}$ entonces A y B son iguales. Esto es:

Si A= $\begin{pmatrix} 2 & -1 \\ 3 & 4 \end{pmatrix}$ y B = $\begin{pmatrix} -6+8 & -(5)^0 \\ \frac{-9}{-3} & (-2)^2 \end{pmatrix}$ entonces

A=B ya que: $\quad b_{1,1} = -6 + 8 = 2 = a_{1,1}$
$\qquad\qquad\quad b_{1,2} = -(5)^0 = -1 = a_{1,2}$
$\qquad\qquad\quad b_{2,1} = \frac{-9}{-3} = 3 = a_{2,1}$
$\qquad\qquad\quad b_{2,2} = (-2)^4 = 4 = a_{2,2}$

OPUESTAS:

Sea A= $(a_{i,j})$ una matriz de orden m x n y B = $(b_{i,j})$ la matriz semejante a A tal que, $\forall_{i,j}: b_{i,j} = -a_{i,j}$ entonces, A y B son opuestas. Por ejemplo:

Sean A= $\begin{pmatrix} \frac{1}{3} & -3 \\ 2 & \frac{2}{-5} \end{pmatrix}$ y B= $\begin{pmatrix} \frac{-1}{3} & 3 \\ -2 & \frac{2}{5} \end{pmatrix}$.

A y B son opuestas ya que:

$$b_{1,1} = \frac{-1}{3} \wedge -\left(\frac{-1}{3}\right) = \frac{1}{3} = a_{1,1}$$

Serie Jelu-Ruemar. Profesora Scarlet C. Rueda M.

$$b_{1,2} = 3 \land -(3) = -3 = a_{1,2}$$

$$b_{2,1} = -2 \land -(-2) = 2 = a_{2,1}$$

$$b_{2,2} = \frac{2}{5} \land -(2/5) = \frac{2}{-5} = a_{2,2}$$

TRANSPUESTAS:
Si A= $(a_{i,j})$ es una matriz de orden mxn y B = $(b_{i,j})$ es de orden n x m ; tal que $b_{j,i} = a_{i,j}$ entonces, se afirma que la matriz B es la transpuesta de la matriz A. Es decir, si al comparar dos matrices se observa el intercambio de los elementos de las filas con los elementos de las columnas y viceversa, entonces una es la transpuesta de la otra.

Si A es la Matriz que aparece al principio de ésta unidad, entonces A^t (la transpuesta de A)es la matriz.

$$A^t = \begin{bmatrix} a_{1,1} & a_{2,1} & \cdots & a_{m,1} \\ a_{1,2} & a_{2,2} & \cdots & a_{n,2} \\ \vdots & \vdots & \ddots & \vdots \\ a_{1,n} & a_{2,n} & \cdots & a_{n,m} \end{bmatrix}$$

En particular:
1) Si $M = \begin{bmatrix} 7 & 1 & 7 \\ 1 & 7 & 1 \end{bmatrix}_{2x3}$ entonces

$$M^t = \begin{bmatrix} 7 & 1 \\ 1 & 7 \\ 7 & 1 \end{bmatrix}_{3x2}$$

2) Si A=$\begin{bmatrix} -3 & 1 & 4 \end{bmatrix}$ es un vector fila entonces

$$A^t = \begin{bmatrix} -3 \\ 1 \\ 4 \end{bmatrix}$$ es un vector columna.

TIPOS DE MATRICES CUADRADAS
Definición. Es toda matriz cuyo número de filas es igual al número de columnas; es decir son de orden mxn con m=n.
Características.

Serie Jelu-Ruemar. Profesora Scarlet C. Rueda M.

1) La línea diagonal que parte desde la posición de componentes 1,1 hacia la componente en la última posición, recibe el nombre de diagonal principal y sus componentes presentan la particularidad que están en posición fila-columna iguales; es decir:Los elementos de la diagonal principal son : $a_{1,1}, a_{2,2}, a_{3,3}, \ldots, a_{m,n}$ con m=n.

2) Cada componente no ubicada en la diagonal principal, posee un elemento conjugado, que es el que está en la posición columna fila correspondiente; esto es
$\forall a_{i,j}$ con i≠ j: $\exists a_{j}, i$ llamado conjugado.
Por ejemplo:

Si A= $\begin{pmatrix} a & b & c \\ d & e & f \\ g & h & i \end{pmatrix}_{3x3}$ es una matriz cuadrada

por tener el mismo número de filas que de columnas entonces, su diagonal principal está integrada por las siguientes componentes:

$$a_{1,1}=a \; ; \; a_{2,2} = e; \; a_{3,3} = i$$

Los conjugados son:
d conjugado de b ya que d está en posición 2,1 y b en posición 1,2; simbólicamente:
$$d = a_{2,1} \wedge b = a_{1,2}$$
g es el conjugado de c ya que:
$$g = a_{3,1} \wedge c = a_{1,3}$$
h es la componente conjugada de f ya que:
$h = a_{3,2} \wedge f = a_{2,3}$.
SIMETRICA:

Se dice que una matriz cuadrada es simétrica si ella es igual a su transpuesta i,e: $A = A^t$ Por ejemplo :

$$A=\begin{pmatrix} 1 & -1 & 2 \\ -1 & 0 & 3 \\ 2 & 3 & 7 \end{pmatrix}_{3x3} \quad A^t=\begin{pmatrix} 1 & -1 & 2 \\ -1 & 0 & 3 \\ 2 & 3 & 7 \end{pmatrix}_{3x3}$$

Por tanto, A es simétrica.

DIAGONAL:

Sea A= $(a_{i,j})$, una matriz cuadrada. Si las componentes de su diagonal principal, son las únicas componentes distintas de cero entonces, A es una matriz diagonal; es decir: A de orden mxn con $m = n \wedge \forall a_{i,j} = 0$ con $i \neq j \rightarrow$ a es diagonal y presenta la forma:

$$\begin{bmatrix} a_{1,1} & 0 & \cdots & 0 \\ 0 & a_{2,2} & \cdots & 0 \\ \vdots & \vdots & \ddots & \vdots \\ 0 & 0 & \cdots & a_{n,n} \end{bmatrix}$$

ESCALAR:

Es toda Matriz diagonal cuyos términos no nulos son iguales entre sí. Por ejemplo: $A = \begin{pmatrix} 3 & 0 & 0 \\ 0 & 3 & 0 \\ 0 & 0 & 3 \end{pmatrix}_{3x3}$ es una matriz escalar ya que: $a_{1,1}=a_{2,2}=a_{3,3}=3$

IDENTIDAD:

Es toda matriz escalar donde los términos de la diagonal principal son iguales entre si e iguales a 1, ésta presenta la forma: $\begin{bmatrix} 1 & 0 & \cdots & 0 \\ 0 & 1 & \cdots & 0 \\ \vdots & \vdots & \ddots & \vdots \\ 0 & 0 & \cdots & 1 \end{bmatrix}$

Se denota con I.

TRIANGULAR:

Una matriz A de orden nxn, se llama triangular superior si $\forall a_{i,j} = 0$ para i>j esto es, si todo elemento por debajo de la diagonal principal es nulo (igual a cero).
Una matriz A de orden nxn, se llama triangular inferior si $\forall a_{i,j} = 0$ para j > i, esto es, si todo elemento por encima de la diagonal principal es igual a cero (nulo).
Así:

$\begin{bmatrix} a_{1,1} & a_{1,2} & \cdots & a_{1,n} \\ 0 & a_{2,2} & \cdots & a_{2,n} \\ \vdots & \vdots & \ddots & \vdots \\ 0 & 0 & \cdots & a_{n,n} \end{bmatrix}$ es la forma general de la matriz triangular superior y

$\begin{bmatrix} a_{1,1} & 0 & \cdots & 0 \\ a_{2,1} & a_{2,2} & \cdots & 0 \\ \vdots & \vdots & \ddots & \vdots \\ a_{n,1} & a_{n,2} & \cdots & a_{n,n} \end{bmatrix}$ es la forma general de la matriz triangular inferior

MATRICES EQUIVALENTES:

Sea A= $(a_{i,j})$; las matrices equivalentes a A son las que se obtienen al realizar operaciones con las filas (o columnas) de la Matriz A, sin que se modifiquen ni su orden ni su rango es decir, se obtienen de realizar transformaciones elementales tales como
1) Intercambio de dos filas (o columnas)
2) La multiplicación de todos los elementos de una fila (o columna) por un número diferente de cero.
3) La suma de los elementos de una fila (o columna) con los correspondientes de otra fila (o columna) múltiplos.
Por ejemplo

Sean: $A = \begin{pmatrix} 1 & 2 & 3 \\ -1 & 0 & 1 \\ 2 & 3 & -1 \end{pmatrix}$; $B = \begin{pmatrix} 2 & 4 & 6 \\ -1 & 0 & 1 \\ 2 & 3 & -1 \end{pmatrix}$ y

$C = \begin{pmatrix} 3 & 0 & 0 \\ 1 & 4 & 7 \\ 2 & 3 & -1 \end{pmatrix}$.

A y B son equivalentes ya que las componentes de la fila uno de la matriz B son el doble de las componentes de la fila uno de la matriz A(f_1 de B es $2f_1$ de A).

A y C son equivalentes ya que f_2 de C es $2f_1 + f_2$ de A.

MATRICES ELEMENTALES:

Son las que resultan de aplicar una transformación elemental a la matriz Identidad de orden (n x n) Así:

Dada $I = \begin{pmatrix} 1 & 0 & 0 \\ 0 & 1 & 0 \\ 0 & 0 & 1 \end{pmatrix}_{3x3}$ Podemos afirmar que

$\begin{pmatrix} 0 & 1 & 0 \\ 1 & 0 & 0 \\ 0 & 0 & 1 \end{pmatrix}_{3x3} \begin{pmatrix} 1 & 0 & 0 \\ 0 & 1 & 5 \\ 0 & 0 & 1 \end{pmatrix}_{3x3} \begin{pmatrix} 1 & 0 & 0 \\ 0 & 1 & 0 \\ 0 & 0 & 3 \end{pmatrix}_{3x3}$

¿Porqué ?. Justifique.

MATRIZ INVERSA:

Sea A una matriz cuadrada. Una matriz cuadrada C tal que CA. = AC = I es la inversa de A y se expresa C=A^{-1}

Si tal Inversa A^{-1} de A existe, entonces se dice que A es invertible.

La inversa de una matriz A es única.

La inversa de una Matriz Cuadrada A existe si y solo si A puede reducirse a la matriz identidad mediante transformaciones elementales (o también si A puede expresarse como un producto de matrices elementales). Para hallar A^{-1}, si existe, se forma la matriz ampliada (A :I) y se aplica el método de Gauss Jordán para reducir esta matriz a (I :D). SI se puede hacer ésto, entonces D = A^{-1}. De lo contrario, A no es invertible (Si A no tiene inversa se llama singular).

En general la matriz (A^{-1}) presenta la forma:

$$\begin{bmatrix} a_{1,1} & a_{1,2} & \cdots & a_{1,n} \\ a_{2,1} & a_{2,2} & \cdots & a_{2,n} \\ \vdots & \vdots & \ddots & \vdots \\ a_{m,1} & a_{m,2} & \cdots & a_{m,n} \end{bmatrix} \begin{vmatrix} 1 & 0 & \cdots & 0 \\ 0 & 1 & \cdots & 0 \\ \vdots & \vdots & \ddots & \vdots \\ 0 & 0 & \cdots & 1 \end{vmatrix}$$ Por ejemplo

Determinar si la matriz $A = \begin{pmatrix} 1 & 3 & -2 \\ 2 & 5 & -3 \\ -3 & 2 & 4 \end{pmatrix}_{3x3}$

es invertible y si lo es hallar su inversa.

Solución La matriz ampliada de A es:

$(A/I) = \begin{pmatrix} 1 & 3 & -2 & | & 1 & 0 & 0 \\ 2 & 5 & -3 & | & 0 & 1 & 0 \\ -3 & 2 & 4 & | & 0 & 0 & 1 \end{pmatrix}$ que es equivalente a

las siguientes matrices: $Nf_1 : 3f_2 + f_{1\,y}\, Nf_3 : 11f_2 + f_3$

$(A/I) = \begin{pmatrix} 1 & 0 & 1 & | & -5 & 3 & 0 \\ 0 & 1 & -1 & | & 2 & -1 & 0 \\ 0 & 0 & 1 & | & -19 & 11 & 1 \end{pmatrix}$

$Nf_1 : -f_3 + f_{1\,y}\, Nf_2 : f_3 + f_2$

$(A/I) = \begin{pmatrix} 1 & 0 & 0 & | & 14 & -8 & -1 \\ 0 & 1 & 0 & | & -17 & -10 & 1 \\ 0 & 0 & 1 & | & -19 & 11 & 1 \end{pmatrix}$

Por lo tanto, A es una matriz invertible. Y

$A^{-1} = \begin{pmatrix} 14 & -8 & -1 \\ -17 & -10 & 1 \\ -19 & 11 & 1 \end{pmatrix}$

OPERACIONES ELEMENTALES ENTRE MATRICES:
Dos o más matrices se pueden sumar si ellas son semejantes y la matriz suma se obtiene al agrupar las componentes correspondientes; es decir, las que ocupan la misma posición. En general, esto es:
Si

$$A = \begin{bmatrix} a_{1,1} & a_{1,2} & \cdots & a_{1,n} \\ a_{2,1} & a_{2,2} & \cdots & a_{2,n} \\ \vdots & \vdots & \ddots & \vdots \\ a_{m,1} & a_{m,2} & \cdots & a_{m,n} \end{bmatrix}$$

y

$$B = \begin{bmatrix} b_{1,1} & b_{1,2} & \cdots & b_{1,n} \\ b_{2,1} & b_{2,2} & \cdots & b \\ \vdots & \vdots & \ddots & \vdots \\ b_{m,1} & b_{m,2} & \cdots & b_{m,n} \end{bmatrix}$$

Entonces

$$A+B = \begin{bmatrix} a_{1,1}+b_{1,1} & a_{1,2}+b_{1,2} & \cdots & a_{1,n}+b_{1,n} \\ a_{2,1}+b_{2,1} & a_{2,2}+b_{2,2} & \cdots & a_{2,n}+b_{2,n} \\ \vdots & \vdots & \ddots & \vdots \\ a_{m,1}+b_{m,1} & a_{m,2}+b_{m,2} & \cdots & a_{m,n}+b_{m,n} \end{bmatrix}$$

Se puede observar que A+B es del mismo orden de A y de B, es decir la matriz suma tiene el mismo orden de las matrices sumandos.

A+B= $a_{i,j} + b_{i,j}$

Ejemplo:

Si $A = \begin{pmatrix} 2 & \frac{1}{2} \\ 3 & 4 \end{pmatrix}_{2x2}$ ∧ $B = \begin{pmatrix} -2 & 1 \\ -3 & 2 \end{pmatrix}_{2x2}$ entonces,

$A+B = \begin{pmatrix} 2+(-2) & \frac{1}{2}+1 \\ 3+(-3) & 4+2 \end{pmatrix}_{2x2}$ →$A+B = \begin{pmatrix} 0 & \frac{3}{2} \\ 0 & 6 \end{pmatrix}_{2x2}$

Recuerda que la adición de matrices solo está definida si las matrices sumandos son semejantes. (tienen igual orden).

MULTIPLICACION DE UNA MATRIZ POR O ESCALAR.

Sea c un número y sea A = $(a_{i,j})$, se define CA como la matriz cuyos componentes son $ca_{i,j}$ y lo escribimos:

CA = ($ca_{i,j}$).
Así multiplicamos cada componente de A por c. Sea A=
3 1 Ejemplo.

Sea A=$\begin{bmatrix} 3 & \frac{1}{5} & 0 \\ -2 & \frac{3}{2} & \frac{1}{3} \end{bmatrix}_{2x3}$ y C= -.5

Luego CA =

$5\begin{bmatrix} 3 & \frac{1}{5} & 0 \\ -2 & \frac{3}{2} & \frac{1}{3} \end{bmatrix} = \begin{bmatrix} (-5)3 & (-5)\frac{1}{5} & (-5)0 \\ (-5)(-2) & (-5)\frac{3}{2} & (-5)\frac{1}{3} \end{bmatrix}$

$\rightarrow CA = \begin{bmatrix} -15 & -1 & 0 \\ 10 & \frac{-15}{2} & \frac{-5}{3} \end{bmatrix}$

MULTIPLICACION DE UNA MATRIZ FILA POR UNA MATRIZ COLUMNA.

Sean las matrices: A= $[a_{1,1} \quad a_{1,2} \quad \cdots \quad a_{1,n}]_{1xn}$ y

B=$\begin{bmatrix} b_{1,1} \\ b_{2,1} \\ \vdots \\ b_{n,1} \end{bmatrix}_{nx1}$

El producto de A por B es la matriz AB de orden (1x1), tal que:

AB= $[a_{1,1} \quad a_{1,2} \quad \cdots \quad a_{1,n}]_{1xn} \cdot \begin{bmatrix} b_{1,1} \\ b_{2,1} \\ \vdots \\ b_{n,1} \end{bmatrix}_{nx1}$ =

$a_{1,1}b_{1,1} + a_{1,2}\cdot b_{1,2} + \cdots + a_{1,n}\cdot b_{n,1}$

=$\left[\sum_{i=1}^{n}(a_{i,j}\cdot b_{i,j})\right]_{1x1}$

NOTA:

Para poder multiplicar una matriz fila por una matriz columna ambas deben tener el mismo número de elementos. Además, el resultado es una matriz de una sola fila y una sola columna i; e, constituida por un solo elemento. Por ejemplo

Dadas A = $[1 \; -1 \; 0]_{1x3}$ y B = $\begin{bmatrix} 2 \\ -1 \\ 3 \end{bmatrix}_{3x1}$ .Obtener A•B

Solución A •B = [(1)(2) +(-1)(-1) +(0)(3)] →A•B=[2+ 1 +0]
luego A•.B=[4]
Nótese que las matrices A y B son conformables.

MULTIPLICACION DE UNA MATRIZ COLUMNA POR UNA MATRIZ FILA.

Sean las matrices : A= $\begin{bmatrix} a_{1,1} \\ a_{2,1} \\ \vdots \\ a_{n,1} \end{bmatrix}_{nx1}$ y

B=$[b_{1,1} \quad b_{1,2} \quad \cdots \quad b_{1,n}]_{1xn}$

El producto de A por B es la matriz A• B, tal que:

AB= $\begin{bmatrix} a_1 \\ a_2 \\ \vdots \\ a_n \end{bmatrix}_{nx1}$. $[b_1 \quad b_2 \quad \cdots \quad b_n]_{1xn}$ =

$\begin{bmatrix} a_1b_1 & a_1b_2 & \cdots & a_1b_n \\ a_2b_1 & a_2b_2 & \cdots & a_2b_n \\ \vdots & \vdots & \vdots & \vdots \\ a_nb_1 & a_nb_2 & \cdots & a_nb_n \end{bmatrix}_{nxn}$

En particular.
Dadas las matrices:

A= $\begin{bmatrix} -1 \\ 4 \\ 2 \\ 3 \end{bmatrix}_{4x1}$ y B = $[3 \quad 5 \quad 2 \quad 1 \quad -1]_{1x5}$

Determinar A• B
Solución:

$$AB = \begin{bmatrix} -1 \\ 4 \\ 2 \\ 3 \end{bmatrix}_{4x1} \cdot [3 \quad 5 \quad 2 \quad 1 \quad -1]_{1x5} =$$

$$\begin{bmatrix} (-1)(3) & (-1)(5) & (-1)(2) & (-1)(1) & (-1)(-1) \\ (4)(3) & (4)(5) & (4)(2) & (4)(1) & (4)(-1) \\ (2)(3) & (2)(.5) & (2)(2) & (2)(1) & (2)(-1) \\ (3)(3) & (3)(.5) & (3)(2) & (3)(1) & (3)(-1) \end{bmatrix}$$

$$\rightarrow AB = \begin{bmatrix} -3 & -5 & -2 & -1 & 1 \\ 12 & 20 & 8 & 4 & -4 \\ 6 & 10 & 4 & 2 & -2 \\ 9 & 15 & 6 & 3 & -3 \end{bmatrix}$$

MULTIPLICACION DE UNA MATRIZ CUALQUIERA POR UNA MATRIZ COLUMNA.

$$\text{Sean } A = \begin{bmatrix} a_{1,1} & a_{1,2} & \cdots & a_{1,n} \\ a_{2,1} & a_{2,2} & \cdots & a_{2,n} \\ \vdots & \vdots & \ddots & \vdots \\ a_{m,1} & a_{m,2} & \cdots & a_{m,n} \end{bmatrix}_{mxn} \text{ y } B = \begin{bmatrix} b_1 \\ b_2 \\ \vdots \\ b_n \end{bmatrix}_{nx1}$$

El producto de A y B, es la matriz Columna: A• B tal que:

$$AB = \begin{bmatrix} a_{1,1} & a_{1,2} & \cdots & a_{1,n} \\ a_{2,1} & a_{2,2} & \cdots & a_{2,n} \\ \vdots & \vdots & \ddots & \vdots \\ a_{m,1} & a_{m,2} & \cdots & a_{m,n} \end{bmatrix} \cdot \begin{bmatrix} b_1 \\ b_2 \\ \vdots \\ b_n \end{bmatrix}_{nx1} =$$

$$\begin{bmatrix} a_{1,1}b_1 + & a_{1,2}b_2 + & \cdots + & a_{1,n}b_n \\ a_{2,1}b_1 + & a_{2,2}b_2 + & \cdots + & a_{2,n}b_n \\ \vdots & \vdots & \ddots & \vdots \\ a_{m,1}b_1 + & a_{m,2}b_2 + & \cdots + & a_{m,n}b_n \end{bmatrix} = \begin{bmatrix} \sum a_{1,i}\,b_i \\ \sum a_{2,i}\,b_i \\ \vdots \\ \sum a_{m,i}\,b_i \end{bmatrix}.$$

Veamos un ejemplo.

Dadas $A = \begin{pmatrix} 2 & 0 & -2 & 4 \\ -5 & 6 & 1 & 7 \\ 1 & 3 & 0 & 0 \end{pmatrix}$ y la matriz columna

$B = \begin{pmatrix} 2 \\ 1 \\ -1 \\ 2 \end{pmatrix}$. Determinar $A \bullet B$, si es posible.

Solución: La multiplicación es realizable ya que A es conformable respecto a B; i,e: el número de columnas de A es igual al número de filas de B. Por tanto
AB=

$\begin{pmatrix} 2 & 0 & -2 & 4 \\ -5 & 6 & 1 & 7 \\ 1 & 3 & 0 & 0 \end{pmatrix} \cdot \begin{pmatrix} 2 \\ 1 \\ -1 \\ 2 \end{pmatrix}$ =

$\begin{pmatrix} 2.2 + 0.2 + (-2)(-1) + 4.2 \\ (-5)2 + 6.1 + 1(-1) + 7.2 \\ 1.2 + 3.1 + 0(-1) + 0.2 \end{pmatrix}$ =

$\begin{pmatrix} 4 + 0 + 2 + 8 \\ -10 + 6 + (-1) + 14 \\ 2 + 3 + 0 + 0 \end{pmatrix} \rightarrow$

$AB = \begin{pmatrix} 14 \\ 9 \\ 5 \end{pmatrix}$

MULTIPLICACION DE UNA MATRIZ FILA POR UNA MATRIZ DE ORDEN nxm.

Sean la matriz fila $A = [a_1 \quad a_2 \quad \cdots \quad a_n]_{1xn}$ y

$$B=\begin{bmatrix} b_{1,1} & b_{1,2} & \cdots & b_{1,n} \\ b_{2,1} & b_{2,2} & \cdots & b_{2,n} \\ \vdots & \vdots & \ddots & \vdots \\ b_{m,1} & b_{m,2} & \cdots & b_{m,n} \end{bmatrix}_{mxn}$$

El producto de A por B es la matriz fila A• B tal que:

$$AB=[a_1 \quad a_2 \quad \cdots \quad a_n]_{1xn} \cdot \begin{bmatrix} b_{1,1} & b_{1,2} & \cdots & b_{1,n} \\ b_{2,1} & b_{2,2} & \cdots & b_{2,n} \\ \vdots & \vdots & \ddots & \vdots \\ b_{m,1} & b_{m,2} & \cdots & b_{m,n} \end{bmatrix}$$

=
$[a_1 b_{1,1} + a_2 b_{2,1} + \cdots + a_n b_{m,1} \quad a_1 b_{1,2} + a_2 b_{2,2} + \cdots + a_n b_{m,2}$
$\rightarrow AB=[\sum a_i\, b_{i,1} \quad \sum a_i\, b_{i,2} \quad \cdots \quad \sum a_i\, b_{i,n}]$

Por ejemplo. Dada la matriz fila A= $(-1 \quad 0 \quad 2 \quad 0 \quad -2)_{1x5}$ y la matriz

$$B=\begin{pmatrix} 3 & 0 & -2 \\ 2 & 4 & 3 \\ 0 & -2 & 1 \\ 1 & 3 & 0 \\ 1 & 1 & 1 \end{pmatrix}_{5x3}$$

Determinar AB, si es posible.
Solución.
La multiplicación es posible ya que A es conformable respecto a B i,e; número de columnas de A es igual al número de filas de B. A es de orden 1x5 y B es de orden 5x3.

$$AB=(-1 \quad 0 \quad 2 \quad 0 \quad -2)_{1x5} \begin{pmatrix} 3 & 0 & -2 \\ 2 & 4 & 3 \\ 0 & -2 & 1 \\ 1 & 3 & 0 \\ 1 & 1 & 1 \end{pmatrix}=$$

A• B =
[(-1)(3)+(0)(2)+(2)(0)+(0)(1)+(-2)(-1) (-1)(0)+(0)(4)+(2)(-2)+(0)(3)+(-2)(1) (-1)(-2)+(0)(3)+(2)(1)+(0)(0)+(-2)(1)]

A. B= [-1 -6 2]

MULTIPLICACION DE MATRICES.
Sean las matrices : A=$(a_{i,j})$ de orden nxp y B=$(b_{i,j})$ de orden pxm. El producto de A por B es la matriz AB talque,
AB=$\left(\sum_{k}^{p} a_{i,k} b_{i,p}\right)_{nxm}$
Por ejemplo.

Dadas las matrices A= $\begin{pmatrix} 1 & -3 & 4 & 2 \\ 0 & 9 & 2 & -1 \\ 4 & 5 & -3 & 7 \end{pmatrix}_{3x4}$ y

B= $\begin{pmatrix} 0 & 2 & 3 & 0 \\ -1 & 0 & 1 & 6 \\ 1 & -2 & -1 & -6 \\ 0 & 0 & 3 & 0 \end{pmatrix}_{4x4}$

Determinar A• B, si es posible.
Solución:
La multiplicación es realizable, ya que el número de columnas de A (4) es igual al número de filas de B (4).
El resultado debe ser una matriz con tres filas (No. de filas de A) y cuatro columnas (No. de columnas de B).
A•B=

$\begin{pmatrix} 1 & -3 & 4 & 2 \\ 0 & 9 & 2 & -1 \\ 4 & 5 & -3 & 7 \end{pmatrix}_{3x4} \cdot \begin{pmatrix} 0 & 2 & 3 & 0 \\ -1 & 0 & 1 & 6 \\ 1 & -2 & -1 & -6 \\ 0 & 0 & 3 & 0 \end{pmatrix}_{4x4}$ =

$\begin{pmatrix} 0+3+4+0 & 2+0-8+0 & 3-3-4-6 & 0-18-24 \\ 0-9+2+0 & 0+0-4+0 & 0+9+2+3 & 0+54-12 \\ 0-5-3+0 & 8+0+6+0 & 12+5+3-21 & 0+30+18 \end{pmatrix}$

→ $AB = \begin{pmatrix} 7 & -5 & -10 & -42 \\ -7 & -4 & 14 & 42 \\ -8 & 14 & -1 & 48 \end{pmatrix}$

PROPIEDADES ALGEBRAICAS DE LAS OPERACIONES ENTRE MATRICES.
a) La Adición de matrices es conmutativa

∀A, B: A+B=B+A
b) La multiplicación entre matrices no es conmutativa
$\exists_{A,B}$:AB≠ BA
c) La adición matricial es asociativa
∀A, B, C: (A+B) +C= A+(B+C)
d) La multiplicación matricial es asociativa
∀A, B, C: (A.B).C= A. (B.C)
e) Para la adición existe un elemento neutro, que es la matriz nula.
∃0 ∋ A+0=0+A=A
f) Cada matriz tiene un inverso aditivo, que es la matriz opuesta.
∀ B: ∃-B/ B+(-B)=0
g) Existe un elemento identidad, tal que A. I=I.A=A donde I es la matriz identidad.
h) La multiplicación es distributiva respecto a la adición
A• (B+ C) = AB+AC
(A+B)•C = AC+BC
i.) La multiplicación matricial cumple ciertas reglas del producto.
1.) A•0=0•A=0.   Por Elemento absorbente
2.) A•(-B) =-A•B   por Producto de signos distintos
3.) (-A) (- B) = A •B   por Producto de signos iguales
j.) El producto de dos matrices distintas de cero puede ser igual a la matriz cero. Por ejemplo
Si A= $\begin{bmatrix} 1 & 1 \\ 1 & 1 \end{bmatrix}_{2x2}$ y B= $\begin{bmatrix} 1 & 1 \\ -1 & -1 \end{bmatrix}_{2x2}$ entonces AB= $\begin{bmatrix} 0 & 0 \\ 0 & 0 \end{bmatrix}_{2x2}$
k.) En la multiplicación matricial no se cumple la ley de cancelación.
A• B = B• C no implica A=C

DETERMINANTES.

Toda matriz cuadrada tiene asociado un número, llamado determinante.

Dicho número se obtiene a través de operaciones especificas entre los elementos de la matriz dada.

Para una matriz cuadrada A, el determinante de A se denota por det.A.

Las operaciones específicas que nos permiten obtener dicho número real son:

1er caso: Si las matrices son de orden 2x2.

El determinante de una matriz de orden 2x2 se obtiene de la diferencia entre los productos de las componentes de la diagonal principal menos los de la diagonal secundaria. En general, simbólicamente esto es :

Si $A=\begin{pmatrix} a_{1,1} & a_{1,2} \\ a_{2,1} & a_{2,2} \end{pmatrix}_{2x2}$ entonces

Det.A=$\begin{vmatrix} a_{1,1} & a_{1,2} \\ a_{2,1} & a_{2,2} \end{vmatrix} = a_{1,1}a_{2,2} - a_{2,1}a_{1,2}$

Por ejemplo.

Si $A=\begin{pmatrix} 2 & 3 \\ -5 & -3 \end{pmatrix}_{2x2}$ entonces

Det.A=$\begin{vmatrix} 2 & 3 \\ -5 & -3 \end{vmatrix}$=2(-3)-(-5)(3)=-6-(-15)=-6+15=9

∴DetA=9

2do. Caso: Si las matrices son de orden 3x3.

El determinante de una matriz de orden 3x3 se define así:

Si $A=\begin{pmatrix} a_{1,1} & a_{1,2} & a_{1,3} \\ a_{2,1} & a_{2,2} & a_{2,3} \\ a_{3,1} & a_{3,2} & a_{3,3} \end{pmatrix}_{3x3}$ entonces,

$$\text{DetA} = \begin{vmatrix} a_{1,1} & a_{1,2} & a_{1,3} \\ a_{2,1} & a_{2,2} & a_{2,3} \\ a_{3,1} & a_{3,2} & a_{3,3} \end{vmatrix} = a_{1,1}a_{2,2}a_{3,3} + a_{1,2}a_{2,3}a_{3,1}$$
$+a_{1,3}a_{3,2}a_{2,1}-(a_{1,3}a_{2,2}a_{3,1}+a_{1,2}a_{2,1}a_{3,3}+a_{3,2}a_{2,3}a_{1,1})$

Por ejemplo

Dada $A = \begin{pmatrix} 3 & 2 & 1 \\ -3 & 4 & 5 \\ 6 & 2 & -1 \end{pmatrix}_{3x3}$

Calcular Det. A

Solución

$\text{Det.A} = \begin{vmatrix} 3 & 2 & 1 \\ -3 & 4 & 5 \\ 6 & 2 & -1 \end{vmatrix} =$

(3)(4)(-1) +(-3)(2)(1) +(2)(5)(6)-(1)(4)(6)-(5)(2)(3)-(-3)(2)(-1)

=-12-6+ 60-24-30-6= -78+60 =-18 ∴

DetA=-18

3er caso: Si las matrices son de orden mayor de 3x3.

El determinante de matrices cuadradas Orden mayor que (3x3), se define mediante el denominado método de Expansión por cofactores.

Para explicar dicho método, es importante mencionar antes ciertas definiciones necesarias para su comprensión tales como:

a) SUB-MATRIZ: una matriz B de orden pxq, se dice que es una sub-matriz de otra matriz dada A de orden (nxm), si las p filas y q columnas que constituyen a B, pueden obtenerse de eliminar (n-p) filas específicas y (m -q) columnas específicas en la matriz A, siendo $1 \leq q \leq n$ ∧ $1 \leq p \leq m$.

Por ejemplo:

Sea la matriz A = $\begin{pmatrix} 2 & 1 & 3 & -1 \\ 0 & 2 & 4 & 1 \\ 3 & 1 & -1 & 0 \\ 5 & 3 & 1 & 2 \end{pmatrix}_{4x4}$. Algunas submatrices de A son:

a) $\begin{bmatrix} 2 & 1 & 3 \\ 0 & 2 & 4 \\ 3 & 1 & -1 \end{bmatrix}$ Eliminando 4ta fila y 4ta columna

b) $\begin{pmatrix} 2 & 1 & 3 & -1 \\ 5 & 3 & 1 & 2 \end{pmatrix}$ Eliminando en A 2da y 3ra fila

c) $\begin{bmatrix} 2 & 3 & -1 \\ 0 & 4 & 1 \\ 3 & -1 & 0 \\ 5 & 1 & 2 \end{bmatrix}$ Eliminando 2da columna

d) $\begin{bmatrix} 2 & -1 \\ 5 & 2 \end{bmatrix}$ Suprimiendo 2da y 3ra fila; 2da y 3ra columna

e) $\begin{bmatrix} 2 & -1 \\ 3 & 2 \end{bmatrix}$ Suprimiendo 1ra y 3ra fila; 1ra y 3ra columna

f) $\begin{bmatrix} 3 & -1 \\ 4 & 1 \\ 1 & 2 \end{bmatrix}$ Eliminando 3ra fila, 1ra y 2da columna.

g) $[5 \quad 3 \quad 1 \quad 2]$ Suprimiendo las 3 1ras filas

b) **MENOR DE UNA MATRIZ:**
Sea A una matriz cuadrada y $M_{i,j}$ la sub matriz de A que se obtiene de eliminar la i-iésima fila y la J-ésima columna. Llamaremos Menor i,J de A, el cual se denotará por $m_{i,j}$, al determinante de $M_{i,j}$.
Es decir: $m_{i,j}$ = det. $M_{i,j}$

Por ejemplo:

Para la matriz A=$\begin{pmatrix} 1 & 2 & 4 \\ -1 & 0 & 5 \\ 0 & 3 & -3 \end{pmatrix}_{3x3}$ determinar

,os menores : $m_{1,1}$ y $m_{3,2}$

Solución

Determinaremos primero las Sub-matrices $M_{1,1}$ y $M_{3,2}$
Ellas son:

$M_{1,1} = \begin{bmatrix} 0 & 5 \\ 3 & -3 \end{bmatrix}$

$M_{3,2} = \begin{bmatrix} 1 & 4 \\ -1 & 5 \end{bmatrix}$

Luego calculamos sus determinantes
Det. $M_{1,1}$=0(-3)-5.3=0-15=-15 ∴ $m_{1,1} = -15$
Det. $M_{3,2}$=1.5-4(-1)=5+4=9 ∴ $m_{3,2} = 9$

c.) COFACTOR:

Sea A una matriz cuadrada llamaremos cofactor i,J de A
, al número $c_{i,j}$ tal que: $c_{i,j} = (-1)^{i+j} \cdot m_{i,j}$.
Por ejemplo: Calcular los cofactores : $c_{1,1}$ y $c_{3,2}$
de la matriz A, del ejemplo anterior
Solución.
En el ejemplo anterior se calculo: $m_{1,1}$ y $m_{3,2}$.
Luego los correspondientes cofactores son:
$c_{1,1} = (-1)^{1+1} \cdot m_{1,1}$=1.(-15)=-15 ∴ $c_{1,1}$=-15
$c_{3,2} = (-1)^{3+2} \cdot m_{3,2}$=(-1).9=-9 ∴ $c_{3,2}$=9

MÉTODO DE EXPANSIÓN POR COFACTORES.

Sea la matriz cuadrada A de orden nxn el determinante de A es el número Det.A tal que:
Det.A=$\sum_{j=1}^{n} a_{i,j} c_{i,j}$ para cualquier fila i; o también
Det.A=$\sum_{i=1}^{n} a_{i,j} c_{i,j}$ para cualquier columna J.
Por ejemplo.

Dada A= $\begin{bmatrix} 3 & 2 & 1 \\ -1 & 4 & 5 \\ 6 & 2 & -1 \end{bmatrix}_{3x3}$ Calcular Det.A; usando el Método de expansión por cofactores.

Solución.

Dado que este método puede aplicarse para cualquier fila o columna, se puede seleccionar la 1ra Fila.

Los correspondientes cofactores son:

$c_{1,1} = (-1)^{1+1} \begin{vmatrix} 4 & 5 \\ 2 & -1 \end{vmatrix} = (-1)^2(-4-10) = -14$

$c_{1,2} = (-1)^{1+2} \begin{vmatrix} -3 & 5 \\ 6 & -1 \end{vmatrix} = (-1)^3(3-30) = 27$

$c_{1,3} = (-1)^{1+3} \begin{vmatrix} -3 & 4 \\ 6 & 2 \end{vmatrix} = (-1)^4(-6-24) = -30$

∴ Det.A = $a_{1,1}c_{1,1} + a_{1,2}c_{1,2} + a_{1,3}c_{1,3}$

→Det.A = 3(-14) + 2.27 + 1.(-30)

→Det.A = -42 + 54 + (-30) = -72 + 54 = -18

∴ Det.A = -18

PROPIEDADES DE LOS DETERMINANTES

Los Determinantes cumplen con ciertas propiedades que permiten simplificar los cálculos. Algunas de ellas son:

1.-) Propiedad Transpuesta:

Para cualquier matriz cuadrada A, se cumple que:

det.(A) = det.(A^t)

2.-) Propiedad de Intercambio de filas.

Si se intercambian dos filas diferentes de una matriz cuadrada A, el determinante de la matriz resultante es -det.(A).

3.-) Propiedad de Igualdad de renglones (filas o columnas)

Si dos filas o columnas de una matriz A son Iguales, entonces det.(A) = 0.

4.-) Propiedad de Suma de renglones (filas o columnas).

Si el producto de una fila de A por un escalar se suma a

una fila diferente de A, entonces el determinante de la matriz resultante (equivalente) es igual al det.(A).

5.-) Propiedad Multiplicativa.

Si A y B son matrices de orden nxn, entonces
det.(A • B) = det.A • det.B

6.-) Si todos los elementos de un renglón (fila o columna) en una matriz son nulos, entonces su determinante vale cero.

7.-) Dada la matriz cuadrada A, si se obtiene la matriz B a través de multiplicar todos los elementos de un renglón (fila o columna) de A, por un número real K, entonces: det.B = K • (det.A).

USO DE LOS DETERMINANTES EN LAS MATRICES.

El principal uso es que ofrece otro método para calcular la inversa de una matriz.

Anteriormente se procedió a calcular la inversa de una matriz; pero el Método utilizado no es el único. Ahora se presenta otra forma de obtenerla, que en forma general es. $A^{-1} = \frac{Adj.A}{Det.A}$; (*) siempre que Det:A≠0

NOTA: Toda matriz cuadrada de Det:A ≠ 0, se llama matriz regular.

En la expresión (*), intervienen los siguientes conceptos

1.-) MATRIZ DE COFACTORES.

Sea A una matriz cuadrada y $c_{i,j}$ de A. Se denomina matriz de cofactores de A, a una matriz C tal que C = [$c_{i,j}$]

2.-) MATRIZ ADJUNTA.

Sea A una matriz cuadrada, se denomina matriz adjunta de A, la cual denotaremos Adj.A , a la matriz transpuesta de la matriz de cofactores C, i, e:

Adj.A =C^t (Transpuesta de la matriz de cofactores).

Por ejemplo.

Dada la matriz A = $\begin{bmatrix} 3 & 1 & 1 \\ 0 & -3 & 2 \\ -1 & 2 & -1 \end{bmatrix}_{3x3}$ Obtener la adjunta de A.

Primero calculamos los cofactores de c/u de los elementos de A. Ellos son:

$c_{1,1}$ = (3-4) = -1 $\qquad$ $c_{2,1}$= -(-1-2) = 3

$c_{1,2}$ = -(0+ 2) = -2 $\qquad$ $c_{2,2}$ = (-3+ 1) = -2

$c_{1,3}$= (0-3) = -3 $\qquad$ $c_{2,3}$= -(6+ 1) = -7

$c_{3,1}$ = (2+3) = 5

$c_{3,2}$ =-(6+0) = -6

$c_{3,3}$= (-9+0) = -9

Luego, la matriz de cofactores es:

C= $\begin{bmatrix} -1 & -2 & -3 \\ 3 & -2 & -7 \\ 5 & -6 & -9 \end{bmatrix}$

Por tanto, la matriz adjunta es:

Adj.A= $\begin{bmatrix} -1 & 3 & 5 \\ -2 & -2 & -6 \\ -3 & -7 & -9 \end{bmatrix}$

Calculemos ahora la inversa de una matriz por el Método de cofactores o adjunta.

Como A^{-1}.A=A. A^{-1} $\wedge$ A^{-1} =$\frac{Adj.A}{Det.A}$ entonces para obtener la inversa podemos considerar el siguiente algoritmo:

1.-) Calcular el determinante de la matriz dada.
2.-) Calcular los cofactores de la matriz dada.
3.-) Obtener la matriz de cofactores.
4.-) Obtener la transpuesta de la matriz de cofactores (la adjunta).
5.-) Multiplicar los elementos de la adjunta por el inverso del determinante de la matriz dada.

Por ejemplo.

Determinar la matriz inversa de

$$A = \begin{bmatrix} 1 & 2 & 3 & 1 \\ 1 & 3 & 3 & 1 \\ 2 & 4 & 3 & 3 \\ 1 & 1 & 1 & 1 \end{bmatrix}_{4x4}$$

Solución:
1-) Calculamos el det de A. Como A es de orden 4x4, utilizamos el Método de expansión por cofactores, desarrollando por los elementos de la 1 ra. Fila.
Esto es:
Det.(A) = (1)(-1) +(2)(-1) +(3)(0) +(1)(2) Luego det(A) = -1

2.-) Calculamos los cofactores de A.
$c_{1,1} = -1$; $c_{1,2} = -1$; $c_{1,3} = 0$; $c_{1,4} = 2$
$c_{2,1} = 2$; $c_{2,2} = 2$; $c_{2,3} = -1$; $c_{2,4} = -3$
$c_{3,1} = -1$; $c_{3,2} = -2$; $c_{3,3} = 1$; $c_{3,4} = 2$
$c_{4,1} = 0$; $c_{4,2} = 3$; $c_{4,3} = -1$; $c_{4,4} = -3$

3.-) Obtenemos la matriz de Cofactores

$$C = \begin{bmatrix} -1 & -1 & 0 & 2 \\ 2 & 2 & -1 & -3 \\ -1 & -2 & 1 & 2 \\ 0 & 3 & -1 & -3 \end{bmatrix}_{4x4}$$

4.-) Obtenemos la transpuesta de C (Adjunta)

$$AdjA = \begin{bmatrix} -1 & 2 & -1 & 0 \\ -1 & 2 & -2 & 3 \\ 0 & -1 & 1 & -1 \\ 2 & -3 & 2 & -3 \end{bmatrix}_{4x4}$$

5.-) Multiplicamos por inverso del det.A . que es $\frac{1}{-1}$

$$\frac{1}{-1}\begin{bmatrix} -1 & 2 & -1 & 0 \\ -1 & 2 & -2 & 3 \\ 0 & -1 & 1 & -1 \\ 2 & -3 & 2 & -3 \end{bmatrix}_{4x4} =$$

$$\begin{bmatrix} 1 & -2 & 1 & 0 \\ 1 & -2 & 2 & -3 \\ 0 & 1 & -1 & 1 \\ -2 & 3 & -2 & 3 \end{bmatrix}_{4x4}$$

$$\therefore A^{-1} = \begin{bmatrix} 1 & -2 & 1 & 0 \\ 1 & -2 & 2 & -3 \\ 0 & 1 & -1 & 1 \\ -2 & 3 & -2 & 3 \end{bmatrix}_{4x4}$$

Puede comprobar que A. A^{-1}=I

Algebra: "Se llama algebra a todo conjunto en el cual están definidas dos o varias operaciones. (Estructura algebraica. Estructura interna)"

UNIDAD II
ESPACIOS VECTORIALES Y TRANSFORMACIONES LINEALES

ESPACIOS VECTORIALES.

Definición.

Sea V un conjunto no vacío de puntos llamados vectores, dotado de dos relaciones (adición y multiplicación por escalar) y F un cuerpo (conjunto cuyos elementos cumplen las propiedades: cerradura, conmutativa, asociativa, distributiva, neutro, inverso, opuesto).

Se dice que V es un espacio vectorial sobre F si cumple:

1.) Respecto a la adición de Vectores.

1.a) $\forall_{v_1, v_2} \in V: v_1 + v_2 \in V: v_1 + v_2 \in V$.(cerradura).

1.b) $\forall_{v_1, v_2, v_3} \in V: (v_1 + v_2) + v_3 = v_1 + (v_2 + v_3)$. (asociativa).

1.c) $\forall_{v_1, v_2} \in V: v_1 + v_2 = v_2 + v_1$ (conmutativa).

1.d) $\forall_v \in V$, $\exists e \in V \ni$ v+e= e+v=v· (naturaleza del vector cero).

1.e $\forall_v \in V$, $\exists -v \in V \ni$ v+(-v)=(-v)+v=e (inverso aditivo).

2.) Respecto a la Multiplicación por un escalar.

2.a) $\forall_v \in V$, $\alpha \in F: \alpha. v \in V$ (clausura).

2.b) $\forall_{v_1, v_2} \in V$, $\alpha \in F : \alpha(v_1 + v_2) = \alpha v_1 + \alpha v_2$ (distributiva).

2.c) $\forall_v \in V$; $\alpha, \beta \in F : (\alpha + \beta)v = \alpha v + \beta v$ (distributiva).

2.d) $\forall_{\alpha, \beta} \in F$; $\forall_v \in V: (\alpha. \beta). v = \alpha. (\beta. v)$ (asociativa)

2.e) $\forall_v \in V$; $\exists e = I \ni$ v.e=e.v=v (preservación de escala)

Por ejemplo

Sea $V = \{(a_1, a_2, a_3, \cdots, a_n) \epsilon \mathbb{R}^n / a_1, a_2, \cdots, a_n \epsilon \mathbb{R}\}$. Veamos si V es un espacio vectorial sobre R.

Solución

Para decidir si V es un espacio vectorial debemos probar que cumple todas y c/u de las 10 propiedades señaladas:

a) Respecto a la adición de los vectores

a.1) Cerradura
sean $v_1 = (a_1, a_2, \cdots, a_n)$ con $a_i \in \mathbb{R}$ ∧
$v_2 = (b_1, b_2, \cdots, b_n)$ con $b_i \in \mathbb{R}$
$v_1 + v_2 = (a_1, a_2, \cdots, a_n) + (b_1, b_2, \cdots, b_n)$
$a_i, b_i \in \mathbb{R}$
$(a_1 + b_1, a_2 + b_2, \cdots, a_n + b_n)$ $a_i + b_i \in \mathbb{R}$

∴ $v_1 + v_2 \in V$, cumple con la cerradura

a.2) Conmutativa
sean $v_1 = (a_1, a_2, \cdots, a_n)$ con $a_i \in \mathbb{R}$ ∧
$v_2 = (b_1, b_2, \cdots, b_n)$ con $b_i \in \mathbb{R}$
$v_1 + v_2 = (a_1, a_2, \cdots, a_n) + (b_1, b_2, \cdots, b_n)$ $a_i, b_i \in \mathbb{R}$
$= (a_1 + b_1, a_2 + b_2, \cdots, a_n + b_n)$ $a_i + b_i \in \mathbb{R}$
$= (b_1 + a_1, a_2 + b_2, \cdots, b_n + a_n)$ $b_i + a_i \in \mathbb{R}$
$= (b_1, b_2, \cdots, b_n) + (a_1, a_2, \cdots, a_n)$ $b_i, a_i \in \mathbb{R}$
$= v_2 + v_1$ ∴ Es conmutativa

a.3) Asociativa
sean $v_1 = (a_1, a_2, \cdots, a_n)$ con $a_i \in \mathbb{R}$;
$v_2 = (b_1, b_2, \cdots, b_n)$ con $b_i \in \mathbb{R}$ ∧
$v_3 = (c_1, c_2, \cdots, c_n)$ con $c_i \in \mathbb{R}$
$(v_1 + v_2) + v_3 =$
$((a_1, a_2, \cdots, a_n) + (b_1, b_2, \cdots, b_n)) + (c_1, c_2, \cdots, c_n)$
$a_i, b_i, c_i \in \mathbb{R}$
$= (a_1 + b_1, a_2 + b_2, \cdots, a_n + b_n) + (c_1, c_2, \cdots, c_n)$
$a_i + b_i, c_i \in \mathbb{R}$
$= (a_1 + b_1 + c_1, a_2 + b_2 + c_2, \cdots, a_n + b_n + c_n)$ $a_i + b_i + c_i \in \mathbb{R}$
$= (a_1 + (b_1 + c_1), a_2 + (b_2 + c_2), \cdots, a_n + (b_n + c_n))$ $a_i, b_i + c_i \in \mathbb{R}$
$= (a_1, a_2, \cdots, a_n) + ((b_1, b_2, \cdots, b_n) + (c_1, c_2, \cdots, c_n))$
$a_i, b_i, c_i \in \mathbb{R}$
$= v_1 + (v_2 + v_3)$ ∴ Es asociativa

Serie Jelu-Ruemar. Profesora Scarlet C. Rueda M.

a.4) Existencia de neutro
Sea v=$(a_1, a_2, \cdots, a_n)$ con $a_i \in \mathbb{R}$
$\forall v \in V, \exists e \ni$ e=(0,0,...,0) :
$v + e = e + v$ =(0,0,...,0)+ $(a_1, a_2, \cdots, a_n)$=
$(a_1 + 0, a_2 + 0, \cdots, a_n + 0)$=$(a_1, a_2, \cdots, a_n)$
∴ Existe un único neutro que es (0,0,0,...,0)

a.5) Existencia de simétrico (inverso aditivo o elemento opuesto)
Sea v=$(a_1, a_2, \cdots, a_n)$ con $a_i \in \mathbb{R}$
$\forall v \in V, \exists$ -v $\ni$ -v=$(-a_1, -a_2, \cdots, -a_n)$:
$$v + (-v) = -v + v = e$$
$(a_1, a_2, \cdots, a_n) + (-a_1, -a_2, \cdots, -a_n) =$
$(a_1 + (-a_1), \cdots, a_n + (-a_n))$=(0,0,...,0)=e
∴ Para cada v en V existe un –v en V talque
v+(-v)=e=(0,0,0...,0)

b) Respecto a la multiplicación de vector por escalar.

b.1) Cerradura
Sean v= $(a_1, a_2, \cdots, a_n) \in V$ con $a_i \in \mathbb{R}$ ∧ $\alpha \in \mathbb{R}$
α v= $\alpha(a_1, a_2, \cdots, a_n) = (\alpha a_1, \alpha a_2, \cdots, \alpha a_n)$
$\alpha a_1 \in \mathbb{R}$
∴ V es cerrada en R

b.2) Asociativa
sean $v_1 = (a_1, a_2, \cdots, a_n)$ con $a_i \in \mathbb{R}$;
v_2=$(b_1, b_2, \cdots, b_n)$ con $b_i \in \mathbb{R}$ ∧
v_3=$(c_1, c_2, \cdots, c_n)$ con $c_i \in \mathbb{R}$
$(v_1 . v_2)$ +. =
($(a_1, a_2, \cdots, a_n)$. $(b_1, b_2, \cdots, b_n))$. $(c_1, c_2, \cdots, c_n)$
$a_i, b_i, c_i \in \mathbb{R}$
.$(a_1.b_1, a_2.b_2, \cdots, a_n.b_n)$. $(c_1, c_2, \cdots, c_n)$ $a_i.b_i, c_i \in \mathbb{R}$
=$(a_1.b_1.c_1, a_2.b_2.c_2, \cdots, a_n.b_n.c_n)a_i.b_i.c_i \in \mathbb{R}$
=$(a_1.(b_1.c_1), a_2.(b_2.c_2), \cdots, a_n.(b_n.c_n))a_i, b_i.c_i \in \mathbb{R}$

$= (a_1, a_2, \cdots, a_n) \cdot ((b_1, b_2, \cdots, b_n) \cdot (c_1, c_2, \cdots, c_n))$
$a_i, b_i, c_i \in \mathbb{R}$
$= v_1 \cdot (v_2 \cdot v_3)$ ∴ Es asociativa

b.3) Existencia de neutro (preservación de escala)

Sea $v = (a_1, a_2, \cdots, a_n)$ con $a_i \in \mathbb{R}$
$\forall v \in V, \exists e \ni e = (1, 1, \dots, 1)$:
$v \cdot e = (a_1, a_2, \cdots, a_n)(1, 1, \dots, 1) =$
$(a_1 \cdot 1, a_2 \cdot 1, \cdots, a_n \cdot 1) = (a_1, a_2, \cdots, a_n)$
∴ Existe un único neutro que es $(1, 1, 1, \dots, 1)$

b.4) Distributiva de escalar respecto a adición de vectores
sean $v_1 = (a_1, a_2, \cdots, a_n)$ con $a_i \in \mathbb{R}$;
$v_2 = (b_1, b_2, \cdots, b_n)$ con $b_i \in \mathbb{R} \wedge \alpha \in \mathbb{R}$
$\alpha (v_2 + v_1) = \alpha[(a_1, a_2, \cdots, a_n) + (b_1, b_2, \cdots, b_n)] =$
$\alpha(a_1, a_2, \cdots, a_n) + \alpha(b_1, b_2, \cdots, b_n) = \alpha v_1 + \alpha v_2$

b.5) Distributiva de vector respecto a adición de escalares
$v = (a_1, a_2, \cdots, a_n)$ con $a_i \in \mathbb{R} \wedge \alpha, \beta \in \mathbb{R}$
$v(\alpha + \beta) = (a_1, a_2, \cdots, a_n)(\alpha + \beta)$
$= (a_1, a_2, \cdots, a_n)\alpha + (a_1, a_2, \cdots, a_n)\beta$
$= v\alpha + v\alpha$
∴ Es distributiva.

SUB-ESPACIO.

Definición.

Un Sub-Conjunto s de un espacio vectorial V es un Sub-espacio de V, Si S mismo cumple con las propiedades de un espacio vectorial con la suma y multiplicación por un escalar, que traducen los mismos vectores que estas operaciones produjeron en V.

CRITERIO PARA UN SUB-ESPACIO.

Un Sub-conjunto no vacío s de un espacio vectorial v es un Sub-espacio de V si satisface las 2 condiciones siguientes.

1.-) Si v y w están en s, entonces v+ w está en s ; es cerrado bajo la suma de vectores.

2.-) Si k es cualquier escalar de $\mathbb{R}$ y v está en S, entonces k.v está en S. Es cerrado bajo la multiplicación por escalar.

Por ejemplo.

Verificar que la recta Y= 2x es un Subespacio de $\mathbb{R}^2$

Solución

La recta y= 2x se puede escribir como el conjunto.

L = {(x, y) / y = 2X $\forall$x$\in$ $\mathbb{R}$} V L= {(x,2x)/x $\in$ $\mathbb{R}$ }

1.-) Claramente L es un no vacío.

2.-) Cerrado bajo la suma de vectores.

Sean v_1 = (a,2a) y v_2 =(b,2b) $\in$ L. Debemos probar que: $\forall_{v_1,v_2} \in L: v_1 + v_2 \in L$

$v_1 + v_2$ = (a, 2a) + (b,2b)
  = (a+b, 2a+2b)
  = (a+b,2(a+b))$\in$ L ya que tiene la forma (x,2x)
    $\therefore v_1 + v_2 \in L$

3.-) Clausura de la multiplicación por escalar.

Sean: v= (a,2a) $\in$L y r$\in$ $\mathbb{R}$. Ddebemos probar que

$\forall_v \in L; \forall_x \in \mathbb{R}: v.x \in L$

rv = r(a,2a)=(ra,2ra) $\in$ L ya que tiene la forma (x,2x)

∴. L es un Sub-espacio vectorial de $\mathbb{R}^2$.

DEPENDENCIA E INDEPENDENCIA LINEAL

Sea v un espacio vectorial sobre el cuerpo F. Un Subconjunto S de V se dice linealmente dependiente (o simplemente dependiente) si, existen vectores distintos $\alpha_1, \alpha_2, \cdots, \alpha_n$ de S y escalares, $c_1, c_2, \cdots, c_n$ de F, no todos nulos, tales que: $c_1\alpha_1, c_2\alpha_2, \cdots, c_n \alpha_n = 0$

Un conjunto de vectores que no es linealmente dependiente se dice linealmente independientes.

Por ejemplo

1.-) Sea W= {1, sen²x, cos²x}, veamos si W es un conjunto dependiente de funciones en el espacio F de todas las funciones que transforman $\mathbb{R}$ en $\mathbb{R}$.

Solución

De la conocida identidad sen²x + cos²x = 1 se tiene que:

(-1)(1) +(1) sen²x+(l)(cos²x) = 0

dónde: $\alpha_1 = -1$ $\alpha_2 = 1$ $\alpha_3 = 1$

∴ W es LINEALMENTE DEPENDIENTE

2.-) Sea w = {x, x²}. Veamos que W es un conjunto independiente de funciones en el espacio vectorial F de todas las funciones que transforman $\mathbb{P}$ en $\mathbb{R}$.

Solución

Supongamos que se tiene la relación $r_1 x + r_2 x^2 = 0$ donde consideramos que 0 es la función cero. Al evaluar esta función para x = 1 y para x = -1 se obtiene:

$r_1 + r_2 = 0$ para x = 1

$-(r_1 + r_2) = 0$ para x = -1

Se observa que este sistema de 2 ecuaciones con 2 incógnitas tiene como solución única, la trivial i,e.

$r_1 = r_2 = 0$ por tanto, x y x² son funciones independientes en el espacio vectorial F.

BASE

Sea V un espacio vectorial sobre F. Una base de V es un conjunto de vectores linealmente independientes de V, que generan al espacio.

Por ejemplo

Determinar si los vectores: $v_1 = (1,2,-1,0)$; $v_2 = (0,1,0,1)$; $v_3 = (-1,-5,2,0)$ y $v_4 = (2,3,-2,7)$.forman una base de $\mathbb{R}^4$.

Solución

De acuerdo a la definición de base debemos probar:

a.) Que los v_i son Linealmente independientes.(L.I)
b.) Que los v_i generan al espacio V.

a.) Ser linealmente independiente indica que se cumple:

$\alpha_1 v_1 + \alpha_2 v_2 + \alpha_3 v_3 + \alpha_4 v_4 = 0 \rightarrow \alpha_1 = \alpha_2 = \alpha_3 = \alpha_4 = 0$

$\alpha_1 (1,2,-1,0) + \alpha_2 (0,1,0,1) + \alpha_3 (-1,-5,2,0) + \alpha_4 (2,3,-2,7) = (0,0,0,0)$

$(\alpha_1, 2\alpha_1, -\alpha_1, 0) + (0, \alpha_2, 0, \alpha_2) + (-\alpha_3, -5\alpha_3, 2\alpha_3, 0) + (2\alpha_4, 3\alpha_4, -2\alpha_4, 7\alpha_4) = (0,0,0,0)$

$$\begin{cases} \alpha_1 + 0\alpha_2 - \alpha_3 + 2\alpha_4 = 0 \\ 2\alpha_1 + \alpha_2 - 5\alpha_3 + 3\alpha_4 = 0 \\ -\alpha_1 + 0\alpha_2 + 2\alpha_3 - 2\alpha_4 = 0 \\ 0\alpha_1 + \alpha_2 + 0\alpha_3 + 7\alpha_4 = 0 \end{cases}$$

Resolviendo el Sistema: (Eliminación Gaussiana)

$NE_2 \rightarrow -2E_1 + E_2$
$NE_3 \rightarrow E_1 + E_3$

$$\begin{cases} \alpha_1 + 0\alpha_2 - \alpha_3 + 2\alpha_4 = 0 \\ +\alpha_2 - 3\alpha_3 - \alpha_4 = 0 \\ +0\alpha_2 + \alpha_3 + 0\alpha_4 = 0 \\ +\alpha_2 + 0\alpha_3 + 7\alpha_4 = 0 \end{cases}$$

$NE_4 \rightarrow -E_2 + E_4$

$$\begin{cases} \alpha_1 \quad - \alpha_3 + 2\alpha_4 = 0 \\ \alpha_2 - 3\alpha_3 - 4\alpha_4 = 0 \\ \alpha_3 + 0\alpha_4 = 0 \\ 8\alpha_4 = 0 \end{cases}$$

$$NE_1 \to E_3 + E_1$$
$$NE_2 \to 3E_3 + E_2$$
$$NE_4 \to -3E_3 + E_4$$

$$\begin{cases} \alpha_1 + 2\alpha_4 = 0 \\ \alpha_2 + 3\alpha_4 = 0 \\ +\alpha_3 - 2\alpha_4 = 0 \\ +\alpha_2 + 0\alpha_3 + 7\alpha_4 = 0 \end{cases}$$

$$\begin{cases} \alpha_1 = 0 \\ \alpha_2 = 0 \\ \alpha_3 = 0 \\ 8\alpha_4 = 0 \end{cases}$$

Luego

$$\begin{aligned} \alpha_1 &= 0 \\ \alpha_2 &= 0 \\ \alpha_3 &= 0 \\ 8\alpha_4 &= 0 \end{aligned}$$

Por lo tanto

$v_1; v_2; v_3$ y v_4 Son L.I

b.-) Generar los v_i al espacio V indica que: el conjunto de vectores dados es un conjunto generador del espacio V. i,e:

Supongamos $(a,b,c,d) \in \mathbb{R}^4 \ni a,b,c,d \in \mathbb{R}$

$\alpha_1 v_1 + \alpha_2 v_2 + \alpha_3 v_3 + \alpha_4 v_4 = (a,b,c,d) \to$

$\alpha_1 (1,2,-1,0) + \alpha_2 (0,1,0,1) + \alpha_3 (-1,-5,2,0) + \alpha_4 (2,3,-2,7) = (a,b,c,d) \to$

$(\alpha_1, 2\alpha_1, -\alpha_1, 0) + (0, \alpha_2, 0, \alpha_2) + (-\alpha_3, -5\alpha_3, 2\alpha_3, 0) + (2\alpha_4, 3\alpha_4, -2\alpha_4, 7\alpha_4) = (a,b,c,d)$

$$\begin{cases} \alpha_1 + 0\alpha_2 - \alpha_3 + 2\alpha_4 = a \\ 2\alpha_1 + \alpha_2 - 5\alpha_3 + 3\alpha_4 = b \\ -\alpha_1 + 0\alpha_2 + 2\alpha_3 - 2\alpha_4 = c \\ 0\alpha_1 + \alpha_2 + 0\alpha_3 + 7\alpha_4 = d \end{cases}$$

Resolviendo el sistema por Gauss Jordan se obtiene:

$$\begin{pmatrix} 1 & 0 & -1 & 2 & I & a \\ 2 & 1 & -5 & 3 & I & b \\ -1 & 0 & 2 & -2 & I & c \\ 0 & 1 & 0 & 7 & I & d \end{pmatrix} \approx$$

$$\begin{pmatrix} 1 & 0 & -1 & 2 & I & a \\ 0 & 1 & -3 & -1 & I & -2a+b \\ 0 & 0 & 1 & 0 & I & a+c \\ 0 & 1 & 0 & 7 & I & d \end{pmatrix} \approx$$

$$\begin{pmatrix} 1 & 0 & -1 & 2 & I & a \\ 2 & 1 & -3 & -1 & I & -2a+b \\ 0 & 0 & 1 & 0 & I & a+c \\ 0 & 1 & 3 & 8 & I & 2a-b+d \end{pmatrix} \approx$$

$$\begin{pmatrix} 1 & 0 & -1 & 2 & I & a \\ 2 & 1 & -3 & -1 & I & -2a+b \\ 0 & 0 & 1 & 0 & I & a+c \\ 0 & 0 & 0 & 8 & I & -a-3c-b+d \end{pmatrix}$$

El nuevo sistema de ecuaciones equivalente es:
$$\begin{cases} \alpha_1 + 0\alpha_2 - \alpha_3 + 2\alpha_4 = a \\ \alpha_2 - 3\alpha_3 - \alpha_4 = -2a+b \\ \alpha_3 = a+c \\ 8\alpha_4 = -a-3c-b+d \end{cases}$$

Por lo tanto:
$\alpha_3 = a+c$

$\alpha_4 = \frac{-a-3c-b+d}{8}$

$\alpha_2 = 2a+b+3a+3c+\frac{-a-3c-b+d}{8} \rightarrow \alpha_2 = \frac{-9a+7b+21c+d}{8}$

$\alpha_1 = a+a+c-2\left(\frac{-a-3c-b+d}{8}\right) \rightarrow \alpha_1 = \frac{8a+4c+a+3c+b-d}{4} \rightarrow$

$\alpha_1 = \frac{9a+7c+b-d}{4}$

∴ Los vectores dados forman una base del espacio V.
El lector puede comprobar que
$\alpha_1 v_1 + \alpha_2 v_2 + \alpha_3 v_3 + \alpha_4 v_4 = (a,b,c,d)$;para las expresiones obtenidas de los α_i

NOTA: Bases canónicas son bases particulares cuyos vectores están definidos por:

$E_1 = (1,0,0,...,0)$; $E_2 = (0,1,0,...,0)$
$E_3 = (0,0,1,...,0)... E_n = (0,0,0,...,1)$

¿PARA QUE UTILIZAR EL CONCEPTO DE BASE?
Una de las características útiles, de una base, B de un espacio, V de dimensión n es que permite introducir coordenadas en v.

Serie Jelu-Ruemar. Profesora Scarlet C. Rueda M.

Las coordenadas de un vector α en V respecto de la Base B, serán los escalares que sirven para expresar a α como combinación lineal de los vectores de la base. Las coordenadas se definen respecto a una sucesión de vectores.

Por ejemplo.

Obtener las coordenadas de cada uno de los vectores de la base canónica respecto a la base ordenada Donde:

$\alpha_1 = (1,1,0,0)$
$\alpha_2 = (0,0,1,1)$
$\alpha_3 = (1,0,0,4)$
$\alpha_4 = (0,0,0,2)$.

Solución:

La base canónica tiene por elementos:

$E_1 = (1,0,0,0)$ $E_2 = (0,0,1,0)$
$E_3 = (0,1,0,0)$ $E_3 = (0,0,0,1)$.

Por lo que debemos obtener 4 coordenadas (una por c/E_i). 1.- Calculemos las coordenadas de E_1

a(1,1,0,0)   +b(0,0,1,1)   +c (1,0,0,4)   +d (0,0,0,2)=(1,0,0,0)→
(a,a,0,0)+(0,0,b,b)+(c,0,0,4c)+(0,0,0,2d)=(1,0,0,0)→
(a+c,a,b,4b+c+2d)=(1,0,0,0)∴

a +c=1; a=0; b=0; 4b+c+2d=0

así: a=0;b=0;c=1 y d=-2 por lo tanto las coordenadas de E_1
respecto a la base
B= {(1,1,0,0), (1,0,0,4), (0,0,1,1) (0,0,0,2)} son los elementos del vector (0,0,1,-2)

Las coordenadas de E_2, E_3 y E_4 se ofrecen de ejercicio al Lector (Estudiante).

Otro ejemplo Sea B = { $\alpha_1, \alpha_2, \alpha_3$} la base ordenada de $\mathbb{R}^3$ formada por $\alpha_1 = (1,0,-1)$; $\alpha_2 = (1,1,1)$ y $\alpha_3 = (1,0,0)$.

¿Cuáles son las coordenadas del vector (a,b ,c) en la base ordenada B ? i ,e: [α]B = ?
x (1,0,-1) + y (1,1,1) + z (1,0,0) = (a, b, c)
(x,0,-1) +(y, y, y) +(z,0,0) = (a, b, c)
(x +y+ z, y, -x +y) = (a, b, c)
x+ y+ z=a; y= b; -x+ y=c
=>z= a-b +c- b =a-2b+c
=>x=-c+ b
[α]B = [(a, b, c)]B = (b- c, b, a- 2b + c)

CAMBIO DE BASE. MATRIZ DE TRANSICION

Procedamos ahora a describir lo que sucede cuando se cambia de una base ordenada a otra.

Sea V un espacio vectorial de dimensión finita y sean B = $(b_1, b_2, \cdots, b_n)$ y B'= ($b`_1, b`_2, \cdots, b`_n$) dos bases ordenadas para V.

Transformar el vector coordenado V_B del vector V del espacio V en el vector coordenado que da origen a la matriz columna (C) llamada Matriz de cambio de base o Matriz de transición, la cual satisface $CV_B = V_B`$. Nuestro interés sería

¿COMO CALCULAR LA MATRIZ DE TRANSICIÓN?

Pues al obtenerla la multiplicamos por el vector coordenado y obtenemos el "nuevo vector coordenado ". Para ello simplemente se forma la matriz partida (ampliada) ($b`_1, b`_2, \cdots, b`_n / b_1, b_2, \cdots, b_n$) y se usa el Método de reducción de Gauss--Jordan para obtener la matriz ampliada (I /C). En donde I es la matriz identidad y C es la matriz de transición o cambio de base respecto a las bases B y B`.

Por ejemplo:

Consideremos la base ordenada B = {(1,1,0),(1,0,1),(0,1,1)} para $\mathbb{R}^3$. Hallaremos la matriz de cambio de base respecto a las bases E,B donde E es la base canónica para $\mathbb{R}^3$.

Para hallar las coordenadas de $\begin{bmatrix} 2 \\ -2 \\ 4 \end{bmatrix}$ de $\mathbb{R}^3$ respecto a la base B.

Solución

Construimos la matriz ampliada de tal forma que los vectores columnas de B queden a la izquierda de la partición y los vectores columnas de E a la derecha y obtenemos: $\begin{pmatrix} 1 & 1 & 0 & 1 & 0 & 0 \\ 1 & 0 & 1 & 0 & 1 & 0 \\ 0 & 0 & 1 & 0 & 0 & 1 \end{pmatrix}$

Reduciendo por Gauss-Jordan resulta:

$\begin{pmatrix} 1 & 1 & 0 & 1 & 0 & 0 \\ 1 & 0 & 1 & 0 & 1 & 0 \\ 0 & 0 & 1 & 0 & 0 & 1 \end{pmatrix} \approx \begin{pmatrix} 1 & 1 & 0 & 1 & 0 & 0 \\ 0 & 1 & -1 & 1 & -1 & 0 \\ 0 & 0 & 2 & -1 & 1 & 1 \end{pmatrix}$

$\begin{pmatrix} 1 & 0 & 0 & \frac{1}{2} & \frac{1}{2} & -\frac{1}{2} \\ 0 & 1 & 0 & \frac{1}{2} & -\frac{1}{2} & \frac{1}{2} \\ 0 & 0 & 1 & -\frac{1}{2} & \frac{1}{2} & \frac{1}{2} \end{pmatrix}$

∴ La matriz de cambio de base respecto. E,B es:

$\begin{pmatrix} \frac{1}{2} & \frac{1}{2} & -\frac{1}{2} \\ \frac{1}{2} & -\frac{1}{2} & \frac{1}{2} \\ -\frac{1}{2} & \frac{1}{2} & \frac{1}{2} \end{pmatrix}$ Por tanto para hallar las nuevas coordenadas de $\begin{bmatrix} 2 \\ -2 \\ 4 \end{bmatrix}$ respecto a B calculamos :

$C \begin{bmatrix} 2 \\ -2 \\ 4 \end{bmatrix} \to$

$\begin{pmatrix} \frac{1}{2} & \frac{1}{2} & -\frac{1}{2} \\ \frac{1}{2} & -\frac{1}{2} & \frac{1}{2} \\ -\frac{1}{2} & \frac{1}{2} & \frac{1}{2} \end{pmatrix} \begin{bmatrix} 2 \\ -2 \\ 4 \end{bmatrix} = \begin{bmatrix} -2 \\ 4 \\ 0 \end{bmatrix}$

Serie Jelu-Ruemar. Profesora Scarlet C. Rueda M.

Los nuevos coordenadas son : $\begin{bmatrix} -2 \\ 4 \\ 0 \end{bmatrix}$

El lector puede comprobar que:

$2\begin{bmatrix} 1 \\ 1 \\ 0 \end{bmatrix} + 4\begin{bmatrix} 1 \\ 0 \\ 1 \end{bmatrix} + 0\begin{bmatrix} 0 \\ 1 \\ 1 \end{bmatrix} = \begin{bmatrix} -2 \\ 4 \\ 0 \end{bmatrix}$

PRODUCTO INTERNO

Cuando relacionamos los elementos de un espacio vectorial, al igual que con cualquier par de elementos matemáticos o no, se pueden establecer entre ellas funciones; cuando a cada par de vectores del espacio vectorial se asigna un valor escalar se está estableciendo una función llamada Producto Interno, un ejemplo de Producto Interno conocido es el de Producto Escalar de vectores de $\mathbb{R}^3$, el cual está definido así:

$\forall_{\alpha,\beta} \in \mathbb{R}^3 : (\alpha/\beta) = x_1 x_2 + y_1 y_2 + z_1 z_2$ siendo $\alpha = (x_1, y_1, z_1)$; $\beta = (x_2, y_2, z_2)$ y (α/β) un número real. Por ende, podemos definir sobre un espacio vectorial, un producto interno así: Sean F el cuerpo de los números reales o complejos y V un espacio vectorial sobre F un

producto interno sobre V es una función que asigna a cada par ordenado de vectores α, β de V un escalar (α/β) de F de tal modo que, para cualesquiera α, β, γ de V y todos los escalares de F se cumple:

$((\alpha + \beta|\gamma) = (\alpha|\gamma) + (\beta|\gamma)$
$(c\alpha|\beta) = c(\alpha|\beta)$
$(\beta|\alpha) = \overline{(\alpha|\beta)}$ (la barra indica conjugación compleja).
$(\alpha|\alpha) > 0 \; si \; \alpha \neq 0$.

Teniendo la idea del concepto de la función Producto Interno podemos definir un espacio producto interno como un espacio junto con un producto interno definido sobre ese espacio.

Dicho producto interno impone al espacio vectorial Propiedades y definiciones tales como:

1.-) PROPIEDAD DE CAUCHY-SCHWARZ
$$|(\alpha|\beta)| \leq \|\alpha\| . \|\beta\|.$$

Serie Jelu-Ruemar. Profesora Scarlet C. Rueda M.

Donde;

| | indica valor absoluto.

$(\alpha|\beta)$ es el producto interno

‖ ‖ es la norma del vector, que está definida por el producto interno de un vector consigo mismo.

Esto es; $\|\alpha\|=\sqrt{(\alpha|\alpha)}$

2.-) PROPIEDAD DE LA DESIGUALDAD TRIANGULAR
esto es: $\|\alpha + \beta\| \le \|\alpha\| + \|\beta\|$

3.-) DEFINICIÓN DE VECTORES ORTOGONALES.
Sean α y β vectores de un espacio producto interno V. Entonces α es ortogonal a β si $(\alpha|\beta)$ = 0, como esto implica que β es ortogonal a α, a menudo solo se dice que α y β son ortogonales.

Si S es un conjunto de vectores de V, se dice que S es un conjunto ortogonal siempre que todos los pares de vectores distintos sean ortogonales.

Por ejemplo.

Sean $\alpha = (1,2,3)$ y β = (s,-1,-1) vectores de $\mathbb{R}^3$.d
Decidir si α y β son ortogonales sabiendo que $\mathbb{R}^3$ es un espacio vectorial con el producto interno definido por:
(x|y)= $x_1 y_1 + x_2 y_2 + x_3 y_3$ $\forall$ $(x_1, x_2, x_3), (y_1, y_2, y_3)$

Solución

$(\alpha|\beta)$ = (1,2,3)(5,-1,-1) = (l)(5)+ (-1)(2) +(-1)(3) = 5-2- 3 =

5-5 = O; α y β son ortogonales ya que $(\alpha|\beta)$ = 0.

4.-) DEFINICIÓN DE VECTOR ORTONORMAL. Un vector orto normal es un vector cuya norma es igual a la Unidad i,e: $\|\alpha\|$ = 1.

Por ejemplo.

El vector (1,0,0) es ortonormal ya que
‖ (1,0,0)‖= $\sqrt{((1,0,0)|(1,0,0))} = \sqrt{1 + 0 + 0} = \sqrt{1}$ = 1
Su norma es igual a 1.

NOTA: Un conjunto orto normal es un conjunto de vectores mutuamente ortogonales que tienen norma igual a 1;i,e: Perpendiculares y de longitud 1.

¿COMO OBTENGO UN CONJUNTO DE VECTORES ORTOGONALES?

Para ello se aplica un Método conocido como "Proceso de Ortogonalización de Gram-Schmidt", el cual se presenta a continuación, en forma general.

Sea V un espacio producto interno y sean $\beta_1, \beta_2, \cdots, \beta_n$ vectores independientes cualesquiera de v

Para construir vectores Ortogonales, $\alpha_1, \alpha_2, \cdots, \alpha_n$ en V tales que para K= 1,2,···n y el conjunto $\{\alpha_1, \alpha_2, \cdots \alpha_k\}$ sea una base ortogonal del sub-espacio generado por $\beta_1, \beta_2, \cdots, \beta_k$;se procede de la siguiente manera:

Obtener el primer vector: el primer vector siempre es el mismo primer vector dado, esto es: $\alpha_1 = \beta_1$.

Obtener los siguientes vectores se utiliza la expresión:

$$\alpha_{m+1} = \beta_{m+1} - \sum_{k=1}^{m} \frac{(\beta_{m+1}|\alpha_k)}{\|\alpha_k\|^2} \cdot \alpha_k$$

En particular Si n=4. Los vectores se obtendrían por las expresiones:

$\alpha_1 = \beta_1$

$\alpha_2 = \beta_2 - \frac{(\beta_2|\alpha_1)}{(\alpha_1|\alpha_1)} \cdot \alpha_1$

$\alpha_3 = \beta_3 - \frac{(\beta_3|\alpha_1)}{(\alpha_1|\alpha_1)} \cdot \alpha_1 - \frac{(\beta_2|\alpha_2)}{(\alpha_2|\alpha_2)} \cdot \alpha_2$

$\alpha_4 = \beta_4 - \frac{(\beta_4|\alpha_1)}{(\alpha_1|\alpha_1)} \cdot \alpha_1 - \frac{(\beta_4|\alpha_2)}{(\alpha_2|\alpha_2)} \cdot \alpha_2 - \frac{(\beta_4|\alpha_3)}{(\alpha_3|\alpha_3)} \cdot \alpha_3$

Por ejemplo

Obtener vectores ortogonales, aplicando el proceso de Gram-Schmidt, dados los vectores:

β_1= (3,0,4) ; β_2 = (-1,0,7) ; β_3 = (2,9,11) en .$\mathbb{R}^3$ con el producto interno canónico.

Solución.

$\alpha_1 = (3,0,4)$.

$\alpha_2 = (-1,0,7) - \dfrac{((-1,0,7)|(3,0,4))}{((3,0,4)|(3,0,4))} \cdot (3,0,4) \to$

$\alpha_2 = (-1,0,7) - (3,0,4) = (-4,0,3)$

$\alpha_3 = (2,9,11) - \dfrac{((2,9,11)|(3,0,4))}{((3,0,4)|(3,0,4))} \cdot (3,0,4) - \dfrac{((2,9,11)|(-4,0,3))}{((-4,0,3)|(-4,0,3))} \cdot (-4,0,3) \to$

$\alpha_3 = (2,9,11) - 2(3,0,4) - (-4,0,3) \to$

$\alpha_3 = (0,9,0)$ ∴ $\{\alpha_1, \alpha_2, \alpha_3\}$ es una base ortogonal para $\mathbb{R}^3$ ya que los α_i son ortogonales y no nulos.

NOTA:

El producto interno canónico en $\mathbb{R}^3$ se define por:

$((a,b,c)/(d,e,f)) = ad+be+cf$ por lo que

$(\beta_2|\alpha_1) = ((-1,0,1)/(3,0,4)) = (-1)(3)+(0)(0)+(1)(4) = -3+0+28 = 25$.

¿COMO OBTENGO UNA BASE ORTONORMAL?

Aplicando el proceso Gram-Schmidt se puede obtener una base ortonormal; de la siguiente manera:

1.-) Se obtienen vectores ortogonales (GramSchmidt).

2.-) Se divide cada vector encontrado por su norma.

Así en el ejemplo anterior se tiene que:

$\{(3,0,4), (-4,0,3), (0,9,0)\}$ es una base ortogonal, lo que indica que los vectores $(3,0,4)$, $(-4,0,3)$ y $(0,9,0)$ son ortogonales y no nulos. Por tanto;

$\|(3,0,4)\| = \sqrt{((3,0,4)|(3,0,4))} = \sqrt{9+16} = \sqrt{25} = 5$

$\|(-4,0,3)\| = \sqrt{((-4,0,3)|(-4,0,3))} = \sqrt{16+9} = \sqrt{25} = 5$

$\|(0,9,0)\| = \sqrt{((0,9,0)|(0,09,0))} = \sqrt{81} = 9$

i,e: 5,5, Y 9 son las normas de los vectores señalados (obtenidos por Gram-Schmidt). Luego:

$\dfrac{(3,0,4)}{5}, \dfrac{(-4,0,3)}{5}, y \dfrac{(0,9,0)}{9}$ serán los Vectores que formarán la base ortonormal, esto es:

$\left\{\left(\dfrac{3}{5}, 0, \dfrac{4}{5}\right), \left(\dfrac{-4}{5}, 0, \dfrac{3}{5}\right), (0,1,0)\right\}$

TRANSFORMACIONES LINEALES

Definición.

Sean V y W dos espacios vectoriales, ambos sobre un mismo cuerpo F.

Una función T: V $\to$ W, se dice que es una transformación lineal, si cumple:

1.) T(u + w) = T(u) + T(w) $\forall_{u,w}$ ∈V (Preservación suma).

2.) T(cv) = cT (v) $\forall_c$ ∈ F ∧ $\forall_v$∈ V.(Preservación de multiplicación por un escalar)

Por ejemplo

Sean: V=$\mathbb{R}^3$ y W=$\mathbb{R}^2$ con Q(x,y,z)=$\left(y - x, z + \frac{1}{2}y\right)$.

Definiendo Q:V $\to$ W se decidirá si Q es una transformación lineal de V en W.

Solución

1.-)Veamos si: Q(v+w) = Q(v) + Q(w) $\forall_{v,w}$ ∈ $\mathbb{R}^3$

Sean v=(x_1, y_1, z_1) y w=(x_2, y_2, z_2)

Q(v+w)=Q($(x_1, y_1, z_1) + (x_2, y_2, z_2)$)=

$(x_1 + x_2, y_1 + y_2, z_{1+}z_2 \ )$

=$((y_1 + y_{2,}) - (x_1 + x_2), z_{1+}z_2 + \frac{1}{2}(y_1 + y_{2,})$

=$(y_1 - x_1 + y_2 - x_2, z_{1+}\frac{1}{2}y_1 + z_2 + \frac{1}{2}y_{2,})$=

$(y_1 - x_1, z_{1+}\frac{1}{2}y_1)+(y_2 - x_2, z_2 + \frac{1}{2}y_{2,})$= Q(v) + Q(w).

2. -) Veamos si Q(cv) =cQ(v). $\forall_c$ ∈ $\mathbb{R}$ ∧ $\forall_v$∈ $\mathbb{R}^3$

Sean v= (x, y, z) ∈ $\mathbb{R}^3$ c∈ $\mathbb{R}$, entonces

Q(cv)= Qc(x, y, z) =

Q(cx,cy,cz)=(cy-cx , cz+$\frac{1}{2}$cy)=

c(y-x , z+$\frac{1}{2}$y)= cQ(v)

Luego Q: $\mathbb{R}^3 \to \mathbb{R}^2$ es una transformación lineal.

Otro ejemplo:

Decidir si N: $\mathbb{R} \to \mathbb{R}^2$ definida por N(x) = Sen(x) es o no una transformación lineal.

Solución

Sabemos que

Sen $(\frac{\pi}{4}+\frac{\pi}{4}) \neq$ sen$(\frac{\pi}{4}) + sen(\frac{\pi}{4})$ porque

Sen $(\frac{\pi}{4}+\frac{\pi}{4})=sen(\frac{\pi}{2})=1$ mientras que

sen$(\frac{\pi}{4}) + sen(\frac{\pi}{4})=\frac{1}{\sqrt{2}}+\frac{1}{\sqrt{2}}=\frac{2}{\sqrt{2}}$

∴N(x) = Senx no es una transformación lineal pues no preserva la suma.

LOS SUB-ESPACIOS Im(T) y Ker(T).

Sean V y W espacios vectoriales y sea T:V → W una transformación lineal.

El Sub-espacio T[v] de W es la imagen de T y se denota por Im(T).

El Sub-espacio $T^{-1}[\{0\}]$, donde {0} es el Sub-espacio cero de W, se llama NUCLEO o espacio nulo de T y se denota por Ker(T).

Por ejemplo

Hallar el núcleo y la imagen de la transformación lineal F: $\mathbb{R}^3 \to \mathbb{R}^2$ definida por F(x_1, x_2, x_3)=($x_1 - 2x_2, x_2 + 3x_3$)

Solución

Procederemos primero a hallar el núcleo para ello debemos obtener todos los vectores (x_1, x_2, x_3) (tales que F(x_1, x_2, x_3) = (x_1-2x_2, x_2+3x_3), sea el vector cero i, e. (x_1-2x_2, x_2+3x_3)= (0,0) de donde se obtiene el sistema

$$\begin{cases} x_1 - 2x_2 + 0x_3 = 0 \\ x_2 + 3x_3 = 0 \end{cases}$$

Sistema que se puede escribir matricialmente así:

$A\begin{pmatrix} x_1 \\ x_2 \\ x_3 \end{pmatrix}=\begin{pmatrix} 0 \\ 0 \end{pmatrix}$ donde $A = \begin{pmatrix} 1 & -2 & 0 \\ 0 & 1 & 3 \end{pmatrix}$ y al resolver se

obtiene (x_1, x_2, x_3)=(-6s,-3s,s) Para cualquier escalar s. Así el núcleo de F es el subespacio unidimensional de $\mathbb{R}^3$ generado por (-6,-3,1).

Ahora procederemos a obtener la imagen para lo cual debemos hallar el conjunto de los F(v) para v de $\mathbb{R}^3$
Escribiendo los vectores columnas, debemos hallar todos los vectores de la forma :

$$F\begin{pmatrix}x_1\\x_2\\x_3\end{pmatrix} = \begin{pmatrix}x_1 & -2x_2\\x_2 & +3x_3\end{pmatrix} = x_1\begin{pmatrix}1\\0\end{pmatrix} + x_2\begin{pmatrix}-2\\01\end{pmatrix} + x_3\begin{pmatrix}0\\3\end{pmatrix}$$

Por tanto, la imagen de F es el espacio columna de la matriz Como las dos primeras columnas son independientes, se concluye que Im(F) = $\mathbb{R}^2$

REPRESENTACION MATRICIAL CANONICA DE UNA TRANSFORMACION LINEAL.

Sea T: $\mathbb{R}^n \to \mathbb{R}^n$ una transformación lineal y sea
E= $\{e_1, e_2, \cdots, e_n\}$ Base Canónica para $\mathbb{R}^n$.

La matriz A, de orden mxn, con 1 J-ésimo vector columna es la representación matricial canónica de T.
Por ejemplo
Hallar la representación matricial A_t , para la transformación lineal T: $\mathbb{R}^n \to \mathbb{R}^n$; definida por :
T(x_1, x_2, x_3, x_4) = ($x_1 - 2x_2 + 2x_4, x_1 + x_3 - x_4, 4x_1 - 2x_2 + 3x_3 - x_4$)

Solución
Escribiendo los vectores e_i, como vectores columnas se obtiene :

$$T\begin{pmatrix}1\\0\\0\\0\end{pmatrix} = \begin{pmatrix}1\\1\\4\end{pmatrix}; \quad ; T\begin{pmatrix}0\\1\\0\\0\end{pmatrix} = \begin{pmatrix}-2\\0\\2\end{pmatrix}; \quad T\begin{pmatrix}0\\0\\1\\0\end{pmatrix} = \begin{pmatrix}0\\1\\3\end{pmatrix}$$

$$;T\begin{pmatrix}0\\0\\0\\1\end{pmatrix} = \begin{pmatrix}2\\-1\\1\end{pmatrix}$$

de modo que:
$$A_t = \begin{pmatrix}1 & -2 & 0 & 2\\1 & 0 & 1 & -1\\4 & 2 & 2 & 1\end{pmatrix}$$

Las representaciones matriciales, de transformaciones lineales, permiten deducir propiedades de las transformaciones lineales, a partir de las propiedades de las matrices; tales como:
1.-) lm(t) = espacio Columna de A,
2.-) Ker(t) = espacio nulo de A,
3.-) n = ran(T) + nul(T) = (Dimensión del espacio).

RANGO Y NULIDAD.
 La dimensión de Ker(T) se llama nulidad de T y se denota por nul(T) y la dimensión de im(t) se llama rango de T, denotado por ran(T).
De 1) y 2) se deduce que:
ran(T) = ran(A_t) ∧
nul(T) = nul(A_t)
Como ejemplo Vamos a hallar el rango y la nulidad de la transformación lineal del ejemplo anterior.
Solución
    Se halla el rango de la representación matricial A, como sigue:

$$A_t = \begin{pmatrix} 1 & -2 & 0 & 2 \\ 1 & 0 & 1 & -1 \\ 4 & 2 & 2 & 1 \end{pmatrix} \approx \begin{pmatrix} 1 & -2 & 0 & 2 \\ 1 & 2 & 1 & -3 \\ 0 & 10 & 3 & -9 \end{pmatrix}$$

$$\approx \begin{pmatrix} 1 & -2 & 0 & 2 \\ 0 & 1 & 2 & 3 \\ 0 & 3 & 6 & 9 \end{pmatrix} \approx \begin{pmatrix} 1 & -2 & 0 & 2 \\ 0 & 2 & 1 & -3 \\ 0 & 0 & 0 & 0 \end{pmatrix}$$

Así, ran(T) = ran(A_t) = 2 y
nul(T) = 4-ran(T) = 4-2 = 2

Algebra: **"El nombre de algebra proviene del título del libroAl-jabr w'al-muqabalah, escrito en Bagdad alrededor del año 825 por el matemático y astrónomo *Mohammedibn MusaalKhwarizmi*. Es creencia general que el**
algebra tuvo su origen en la India, luego paso a Egipto y de allí a Grecia, donde se desarrolló."

UNIDAD III

Ejercicios para resolver

EJERCICIOS PROPUESTOS

1.-) Dadas las matrices:

$A=\begin{pmatrix} 1 & -62 \\ -4 & 21 \end{pmatrix}$ $D=\begin{pmatrix} 1 & 0 \\ 2 & 3 \end{pmatrix}$ $G=\begin{pmatrix} 5 \\ 6 \\ 1 \end{pmatrix}$

$B=\begin{pmatrix} 1 & 2 & 3 \\ 4 & 5 & 6 \\ 7 & 8 & 9 \end{pmatrix}$ $E=\begin{pmatrix} 1 & 2 & 3 & 4 \\ 0 & 1 & 6 & 0 \\ 0 & 0 & 2 & 6 \\ 0 & 0 & 6 & 1 \end{pmatrix}$

$H=\begin{pmatrix} 1 & 2 & 6 \\ 0 & 0 & 0 \\ 0 & 0 & 0 \end{pmatrix}$

$C=\begin{pmatrix} 1 & 1 \\ 2 & 2 \\ 3 & 3 \end{pmatrix}$ $F=(6 \quad 2)$ $J=(4)$

Escriba el orden de c/u e indique:
¿Cuáles son matrices columnas?
¿Cuáles son las matrices filas?
¿Cuáles son matrices cuadradas?

2.-) Sea $A=[a_{i,j}]=\begin{bmatrix} 7 & -2 & 14 & 6 \\ 6 & 2 & 3 & -2 \\ 5 & 4 & 1 & 0 \\ 8 & 0 & 2 & 0 \end{bmatrix}$

a.-) ¿Cuál es el orden de A?
b.-) Determina las siguientes componentes: $a_{1,2}$; $a_{4,3}$; $a_{3,2}$; $a_{1,4}$; $a_{3,4}$; $a_{2,4}$
c.-) ¿Cuáles son las componentes de la diagonal principal?

3) Si B es de orden 2x2 y $b_{i,j}= i + j$, obtener a B.

4) Si A es de orden 3x4 y $a_{i,j} = 2i + 3j$ expresar a A.

5) Sean:

$A=\begin{pmatrix} 2 & 3 \\ 4 & -6 \end{pmatrix}$ $B=\begin{pmatrix} 1+1 & 3.1 \\ \frac{8}{2} & -6^1 \end{pmatrix}$

$C=\begin{pmatrix} 2.1 & 2+1 \\ 2^2 & -2-4 \end{pmatrix}$ $D=\begin{pmatrix} 2^1 & 3^0 \\ 4^0 & -9+3 \end{pmatrix}$

Serie Jelu-Ruemar. Profesora Scarlet C. Rueda M.

a.-) Diga cuales de esas matrices son iguales y cuales semejantes. Justifique su respuesta.
b.-) Indique las siguientes componentes:
$a_{1,2}$; $b_{1,2}$; $c_{1,2}$; $d_{1,2}$;
$a_{2,1}$; $b_{2,1}$; $c_{1,1}$; $d_{1,1}$;
$a_{2,2}$; $b_{2,2}$; $c_{2,2}$; $d_{2,2}$;
6) Expresar la matriz correspondiente en cada caso:
a.) A si A es 3x4 y $a_{i,j} = (-1)(i^2+5^2)$
b.) B si B es 3x3 y $b_{i,j}$ = i - j
c.) C Si C es 4x5 y $c_{i,j}$ =i^2+2j

d.) D si D es 2x2 y $d_{i,j}$ = $3i^2j + 2$
7) Usando la notación correspondiente, escribir la opuesta y la transpuesta de:
a.) Una matriz Cuadrada
b.) Una matriz Escalar
c.) Una matriz Diagonal
d.) Una matriz Columna
e-) Una matriz Fila
8) En cada uno de los casos anteriores decida si las matrices son simétricas o antisimétricas. Justifique su respuesta
9) Escriba, por lo menos 3 matrices, e indique para c/u sus elementos principales, sus elementos conjugados y sus características.
10) Resolver, si es posible, las operaciones planteadas a continuación; Para las matrices:

$$A = \begin{pmatrix} 2 & 3 & -\frac{1}{5} \\ \frac{3}{-2} & 8 & 3 \\ 0 & 1 & 0 \end{pmatrix} \quad B = \begin{pmatrix} 1 & -3 & 1 \\ 4 & 0 & \frac{-3}{2} \\ \frac{-1}{5} & 7 & 0 \end{pmatrix}$$

$$C = \begin{pmatrix} \frac{1}{2} & \frac{4}{3} & -6 \\ \frac{-3}{2} & -\frac{1}{5} & -3 \end{pmatrix} \quad D = \begin{pmatrix} -4 & 6 & 8 & 0 \\ 3 & -4 & 2 & 7 \\ 5 & 6 & -4 & 6 \\ 7 & 2 & -1 & -4 \end{pmatrix}$$

Serie Jelu-Ruemar. Profesora Scarlet C. Rueda M.

a.) A+B   b.) A+3B   c.-) D.C   d.-) B-A
e.)-2A-B   f.-) D•C   g.-)-3C•B   h.) A+G
i.-) A.A   j.-) D+ D   k.) C•B•A   l.-) C(A+B)
m.-) $\frac{1}{5}A + \frac{3}{2}B$ n.-) A+B+2A
o.-) $\frac{-2}{3}$C•(B-A)   p.-) A.B

11) En cada uno de los siguientes casos determinar:
(AB)C y A(BC).

a.-) $A = \begin{bmatrix} 2 & 1 \\ 2 & 1 \end{bmatrix}$;   B=$\begin{bmatrix} -1 & 1 \\ 1 & 0 \end{bmatrix}$;   C=$\begin{bmatrix} 1 & 4 \\ 2 & 3 \end{bmatrix}$

b.-) A=$\begin{bmatrix} 2 & 1 & -1 \\ 3 & 1 & 2 \end{bmatrix}$ B=$\begin{bmatrix} 1 & 1 \\ 2 & 0 \\ 3 & -1 \end{bmatrix}$;   C=$\begin{bmatrix} 1 \\ 3 \end{bmatrix}$

c.-) A=$\begin{bmatrix} 2 & 4 & 1 \\ 3 & 0 & -1 \end{bmatrix}$ B=$\begin{bmatrix} 1 & 1 & 0 \\ 2 & 1 & -1 \\ 3 & 1 & 5 \end{bmatrix}$;   C=$\begin{bmatrix} 1 & 2 \\ 3 & 1 \\ -1 & 4 \end{bmatrix}$

12) Sean A=$\begin{bmatrix} 1 & 2 \\ 3 & -1 \end{bmatrix}$; B=$\begin{bmatrix} 2 & 0 \\ 1 & 1 \end{bmatrix}$; C=$\begin{bmatrix} 7 & 0 \\ 0 & 7 \end{bmatrix}$.Obtener:
AB;   BA;   CA;   AC;   CB;   BC; $(AB)^t$;
$(ABC)^t$; $B^t A^t$; $C^t B^t A^t$.

13) Resuelva, si es posible, las siguientes operaciones:

a.-) $\begin{bmatrix} 3 & -2 \\ \frac{1}{2} & 4 \end{bmatrix} + \begin{bmatrix} \frac{2}{3} & 5 \\ -3 & 6 \end{bmatrix}$

b.-) $\begin{bmatrix} 5 & -2 \\ -4 & \frac{3}{7} \end{bmatrix} - \begin{bmatrix} 6 & 8 \\ -5 & -2 \end{bmatrix}$

c.-) $2\begin{bmatrix} 4 & 2 \\ 3 & \frac{1}{4} \end{bmatrix} + 3\begin{bmatrix} 2 & 1 \\ 0 & 3 \end{bmatrix}$

d.-) $\begin{bmatrix} \frac{1}{5} & -1 \\ 0 & 3 \end{bmatrix} + [3 \quad 2 \quad 1]$

e.-) $[1 \quad -3 \quad 2] + \begin{bmatrix} 2 \\ 1 \\ 5 \end{bmatrix}$

f.-) $8\begin{bmatrix} 1 & \frac{4}{3} \\ 2 & -\frac{1}{2} \end{bmatrix} - \frac{7}{3}\begin{bmatrix} 1 & 4 \\ 0 & -1 \end{bmatrix}$

g.-) $\begin{bmatrix} -1 & 2 & 5 \\ 3 & 4 & -1 \end{bmatrix} \cdot \begin{bmatrix} 3 \\ 2 \\ 1 \end{bmatrix}$

h.-) $\begin{bmatrix} 4 & 1 \\ 0 & -2 \\ 7 & 3 \end{bmatrix} \cdot \begin{bmatrix} 2 & -3 \\ 1 & 4 \end{bmatrix}$

i.-) $\begin{bmatrix} 5 & 2 & 1 \\ -3 & 1 & 7 \\ 0 & 1 & 2 \end{bmatrix} \cdot \begin{bmatrix} 2 & -1 & 4 \\ 4 & -3 & 1 \\ 1 & 2 & 1 \end{bmatrix}$

j.-) $\begin{bmatrix} 1 & 0 & 0 \\ 0 & 1 & 0 \\ 0 & 0 & 1 \end{bmatrix} \cdot \begin{bmatrix} 3 & 2 \\ 1 & 6 \\ -4 & 5 \end{bmatrix}$

14) Dada A=$\begin{bmatrix} 2 & 1 \\ 3 & 5 \end{bmatrix}$ Calcular: $A^2 - 7A + 7I$

15) Sea A=$\begin{bmatrix} 1 & 3 \\ -1 & 5 \end{bmatrix}$ Calcular $A^2 - I$

16) Sean: $A = \begin{bmatrix} a & -b \\ b & a \end{bmatrix}$ y $B = \begin{bmatrix} c & -d \\ d & e \end{bmatrix}$

Obtener A+B y A•B

17) Para: $A = \begin{bmatrix} 2 & 1 \\ 3 & -3 \end{bmatrix}$; $B = \begin{bmatrix} -6 & -5 \\ 2 & 3 \end{bmatrix}$; $C = \begin{bmatrix} -2 & -1 \\ -3 & 3 \end{bmatrix}$; $O = \begin{bmatrix} 0 & 0 \\ 0 & 0 \end{bmatrix}$

Calcular:

a.-) –B   b.) 2•O   c.) A+B–C
d.-) 3(A–C)   e.) 3C–2B   f.-) –(A–B)
g.-) 2(A–2B)   h.) (2 +3)A   i.) A+(C+2•O)
j.-) $\frac{1}{2}$A–2(B+2C)   k.-) O(A+B)   l.-) 2A–$\frac{1}{2}$(B–C)
m.-) 3(A+B)   n.) 2A+3B   o.) 3A+3B
p.-) B–A+BA   q.) –$\frac{3}{4}$(A+B+C)

18) Dadas: $A = \begin{bmatrix} 1 & 1 \\ 0 & 0 \end{bmatrix}$; $B = \begin{bmatrix} 0 & 0 \\ 0 & 0 \end{bmatrix}$; $C = \begin{bmatrix} 3 & 0 \\ 0 & 3 \end{bmatrix}$; $D = \begin{bmatrix} -2 & 0 \\ 0 & -4 \end{bmatrix}$

Diga el tipo de matriz a que corresponde A, B, C, D y efectúe:

a.-) A+B+C+ D

Serie Jelu-Ruemar. Profesora Scarlet C. Rueda M.

b.-) -A+B+D

c.-) A•B•C• D

19.-) Calcular, por el método de Cofactores, los determinantes de c/u de las siguientes matrices:

$$A = \begin{pmatrix} -2 & -3 & 6 \\ 4 & 5 & 1 \\ -1 & 3 & 2 \end{pmatrix} \quad B = \begin{pmatrix} -3 & 8 \\ 6 & -4 \end{pmatrix}$$

$$C = \begin{pmatrix} 2 & 3 & 5 \\ 7 & 4 & 2 \\ 8 & -6 & -5 \end{pmatrix} \quad D = \begin{pmatrix} 1 & 2 & -1 & 2 \\ 2 & 1 & 1 & 3 \\ 4 & 6 & 7 & 0 \\ 0 & 1 & 2 & -6 \end{pmatrix}$$

$$E = \begin{pmatrix} \frac{1}{4} & \frac{-3}{2} \\ \frac{-5}{7} & \frac{-3}{8} \end{pmatrix} \quad F = \begin{pmatrix} -6 & \frac{1}{5} & 3 & \frac{1}{2} \\ -3 & 1 & 3 & -2 \\ -3 & \frac{1}{2} & -2 & 4 \\ 1 & -6 & 0 & 1 \end{pmatrix}$$

20) Resolver los siguientes sistemas de ecuaciones lineales, por el método de la inversa ($X = A^{-1} \cdot C$)

a.-) $\begin{cases} 2x + y = 5 \\ 3x - 5y = -3 \end{cases}$ b.-

) $\begin{cases} x - y + z = -3 \\ 2x + y - 3z = 6 \\ x - 3y + 3z = 8 \end{cases}$

c.-) $\begin{cases} x - y - z = -1 \\ 3x - 2y - 5z = -6 \\ 3y + z = 10 \end{cases}$ d.-)

$\begin{cases} x + y = \frac{8}{7} \\ 2x - 6y = -\frac{3}{5} \end{cases}$

21) Obtenga la matriz adjunta para c/u de las matrices que escribió en el ejercicio 11 y escriba los menores siguientes

a.-) $M_{1,2};\ M_{3,3};\ M_{1,3};\ M_{2,1};$

Serie Jelu-Ruemar. Profesora Scarlet C. Rueda M.

b.-) $M_{1,1}$; $M_{2,1}$;

c.-) $M_{2,3}$; $M_{3,3}$; $M_{3,2}$; $M_{1,1}$; $M_{1,2}$;

d.-) $M_{1,2}$; $M_{2,2}$;

22) Encuentre, si existen, las inversas de las matrices dadas y Compruebe.

$$\begin{pmatrix} 2 & 3 \\ -1 & 4 \end{pmatrix}; \begin{pmatrix} 5 & 2 \\ -3 & 4 \end{pmatrix}; \begin{pmatrix} 1 & 3 \\ 5 & -2 \end{pmatrix}; \begin{pmatrix} 2 & 4 \\ -1 & -2 \end{pmatrix}$$

$$\begin{pmatrix} -3 & 4 \\ 2 & 0 \end{pmatrix}; \begin{pmatrix} \frac{1}{\sqrt{2}} & \frac{-1}{\sqrt{2}} \\ \frac{1}{\sqrt{2}} & \frac{1}{\sqrt{2}} \end{pmatrix}; \begin{pmatrix} 0 & 1 \\ 1 & 0 \end{pmatrix}; \begin{pmatrix} \frac{-3}{4} & \frac{4}{5} \\ \frac{2}{3} & \frac{3}{2} \end{pmatrix}$$

23) Comprobar, sin desarrollar el determinante, que cada uno de los siguientes es igual a cero para el valor indicado de x. (justifique su respuesta).

a) $\begin{vmatrix} 3 & 6 & x \\ 1 & x & 3 \\ 1 & 2 & 3 \end{vmatrix}$ para x= 2, x = 9

b.) $\begin{vmatrix} 3 & x+1 & 3 \\ 1 & x-1 & 1 \\ x+1 & 5 & 2 \end{vmatrix}$ para x= 1, x = 2

c.) $\begin{vmatrix} 1 & 6-x & x \\ 2x & x+1 & x+1 \\ x-1 & 3 & 3 \end{vmatrix}$ para x = l, x = 2, x = 3

d.) $\begin{vmatrix} 0 & x & x+1 \\ 2x-4 & x & 3x-3 \\ x-1 & x & 2x \end{vmatrix}$ para x = l, x = 2, x = 3

24) Calcular el valor de los siguientes determinantes.

a.-) $\begin{vmatrix} 2 & 3 \\ 1 & 2 \end{vmatrix}$ b.-) $\begin{vmatrix} 2 & 1 & 2 \\ -4 & 3 & 1 \\ 2 & 3 & 5 \end{vmatrix}$

c.-) $\begin{vmatrix} a & b \\ a & c \end{vmatrix}$

d.-) $\begin{vmatrix} \frac{1}{2} & -2 \\ 2 & 5 \\ -3 & 0 \end{vmatrix}$

e.-) $\begin{vmatrix} 1 & 0 & 5 \\ -2 & 3 & 2 \\ 2 & -2 & 0 \end{vmatrix}$

f.-) $\begin{vmatrix} \frac{1}{2} & \frac{1}{3} & 1 \\ 3 & 2 & 6 \\ -1 & 2 & 0 \end{vmatrix}$

g.-) $\begin{vmatrix} a+b & a-b \\ a+b & a+b \end{vmatrix}$

h.-) $\begin{vmatrix} 4a^2 & \frac{1}{3}a^2 \\ 3a^2 & \frac{-2}{9}a^2 \end{vmatrix}$

i.-) $\begin{vmatrix} \sqrt{2} & -3\sqrt{2} \\ 4\sqrt{8} & -3\sqrt{8} \end{vmatrix}$

j.-) $\begin{vmatrix} -1 & \frac{-2}{3} & \frac{1}{5} \\ \frac{1}{3} & 0 & \frac{4}{-9} \\ \frac{3}{2} & \frac{7}{4} & -10 \end{vmatrix}$

25) Dadas las matrices: $A = \begin{pmatrix} 3 & 1 \\ 0 & 4 \end{pmatrix}$ $B = \begin{pmatrix} -6 & \frac{1}{4} \\ 3 & -3 \end{pmatrix}$ $C = \begin{pmatrix} \frac{1}{5} & \sqrt{2} \\ \sqrt{2} & \frac{3}{5} \end{pmatrix}$ $D = \begin{pmatrix} 6 & 2\sqrt{3} \\ 4\sqrt{3} & \frac{1}{6} \end{pmatrix}$

Obtener:
det (A+ B); det.DxC; detB^t; det(- C); det CxC, det$(A.D)^t$; det$(-A)^t$; detA; detB, det(B-A) detA^{-1}; det$-(A^{-1} + B^{-1})^t$; detC^{-1}; det-(-B) det D^{-1} ; det $(D^{-1})^t$; det $(D^{-1})^{-1}$; det-$(D^{-1})^t$; det$(C^t)^t$

26) Sea V= {F/F = a cosx+bsenx a,b $\in \mathbb{R}$.} dotado de las operaciones habituales para funciones; pruebe que V es espacio vectorial sobre R.

27) Sea V el conjunto de todos los polinomios P(x) =$a_h x^h$ +$\cdots$ +a_n, en donde los a_i son elementos de C y n es cualquier entero no negativo ; dotado de las operaciones de adición y multiplicación por constantes, que se ejecutan como de costumbre. Pruebe que V es

espacio vectorial sobre C con las operaciones mencionadas.

28) Sea V= $\sum_{i=1}^{k} \alpha_i v_i$ con $\alpha_i \in \mathbb{R}$ talque:
a.) $V_1 + V_2 = \sum_{i=1}^{k} \alpha_i v_i + \sum_{i=1}^{k} \beta_i v_i = \sum_{i=1}^{k}(\alpha_i + \beta_i) v_i$
b.) $\beta v_i = \beta \sum_{i=1}^{k} \alpha_i v_i = \sum_{i=1}^{k} \beta \alpha_i v_i$

Probar que el conjunto de todas las combinaciones lineales de $v_1, v_2, \cdots, v_k$ forman un subespacio de V. Siendo
W = { $v_1, v_2, \cdots, v_k$ } un sub-conjunto de V.

29) Probar que W = {0} y W = V Son subespacios de V

30) Si v∈V, F(v)= {αv/, $\alpha \in$ F}. Demostrar que F(v) es un subespacio de V.

31) Probar que el conjunto de los vectores del plano, utilizando a R como cuerpo es un espacio vectorial.

32) Demuestre que el Conjunto $\mathbb{C}$ es un espacio vectorial sobre $\mathbb{C}$ (él mismo).

33) Sean x, y elementos de un espacio vectorial
W = { αx+ βBy:$\alpha, \beta \in \mathbb{R}$ }
¿Es w un espacio vectorial sobre $\mathbb{R}$?
(Tómese como suma de dos vectores de W y producto de un escalar por un vector de W las operaciones definidas en V).

34) Sea W= { αv/ $\alpha \in L, v \in V, v\ fijo$ } con V espacio vectorial sobre L.
Probar que w es sub-espacio vectorial de V.

35) Sean V = $\left\{ \begin{pmatrix} a & b \\ c & d \end{pmatrix} : a,b,c,d \in \mathbb{R} \right\}$ espacio vectorial sobre $\mathbb{R}$

W = $\left\{ \begin{pmatrix} 0 & b \\ c & 0 \end{pmatrix} : b,c \in \mathbb{R} \right\}$ ¿Es W un sub-espacio Vectorial de V sobre $\mathbb{R}$, con las operación definidas en unidad II?.

36) Sea V = {F/F :R → R, f función} ¿Cuáles de los siguientes sub-conjuntos de V, son sub-espacios vectoriales de V sobre R?. Justifique su respuesta.

a.) $W_1 = \{F \in V : F(cosx) = 1\}$
c.) $W_2 = \{F \in V : F(x) = k \;\forall x \in \mathbb{R}\}$
d.) $W_3 = \{F \in V : F(1) + F(2) = 0\}$
e.) $W_4 = \{F \in V : F(x) = -x^2\}$
f.-) $W_5 = \{F \in V : F(x) \geq 0 \;; \forall x \in \mathbb{R}\}$

37) Demostrar que si V es un espacio vectorial sobre L y $H_1 \in V \wedge H_2 \in V \ni H_1 + H_2 = \{x/x = h_1 + h_2; h_1 \in H_1 \wedge h_2 \in H_2\}$ es un sub-espacio vectorial de V sobre R.

38) Demostrar que (-2,0,8) es Combinación lineal de los vectores v_1 = (-2,0,0), v_2= (0,-1,3) y v_3= (0,0,-1)

39) En el espacio vectorial de los polinomios en x con coeficientes reales y grado menor a igual que 2, dígase si son o no linealmente independiente los vectores:
x²-x; x²+3; 2x+4

40) Demostrar que, en el espacio vectorial de los números complejos sobre los reales, los dos vectores:
1-2i y 3+2i forman una base.

41) Demostrar que en el espacio vectorial de los polinomios en x· con coeficientes reales, de grado menor o igual que 2 los polinomios:
1; x+1; 1+x+x² forman una base.

42) Sea V el espacio de las matrices 2x2 sobre R. Determinar si las matrices {A,B,C} $\in V$ forman un conjunto de vectores linealmente dependiente donde:
A=$\begin{bmatrix}1 & 1\\1 & 1\end{bmatrix}$; B=$\begin{bmatrix}0 & 1\\1 & 0\end{bmatrix}$; C=$\begin{bmatrix}1 & 0\\0 & -3\end{bmatrix}$;

43) Sea { v_1, v_2, v_3 } un conjunto de vectores linealmente independiente.
Mostrar que: $\{(v_1 + v_2), (v_1 - v_2), (v_1 - 2v_2 + v_3)\}$ también forma un conjunto linealmente independiente.

44) ¿Para qué valor de α, el vector (-4,2,α) es, en el espacio R^3 una combinación lineal de los vectores (5,1,-2)(2,0,-3) ?

45) Exprese $\begin{pmatrix} 0 & -4 \\ 2 & 4 \end{pmatrix}$ Como combinación lineal de los vectores $\begin{pmatrix} 0 & 0 \\ 1 & -1 \end{pmatrix}, \begin{pmatrix} 0 & 1 \\ 0 & 1 \end{pmatrix}$ y $\begin{pmatrix} 0 & 1 \\ -1 & 0 \end{pmatrix}$

46) Decidir, si los vectores
{(1,1,2), (- 2,-1,2), (8,2,1), (4,-2,5)} forman un conjunto dependiente.

47) ¿Cuáles de los siguientes subconjuntos forman una base de R^2 ?
a.) {(0,3), (2,1)}
b.) {(- 1,2), (4,-1)}
c.) {(9,-3), (- 3,1)}
d.) {(1,1), (2,2)}

48) Encuentre 3 bases distintas para el espacio vectorial
$V = \left\{ \begin{pmatrix} a & b \\ c & d \end{pmatrix} ; a, b, c, d \in R \right\}$

49) Comprobar que los conjuntos S_1, S_2 y S_3 forman bases para R^3. Si S_1= {(1,1,1)(1,2,1)(1,3,1)}, S_2 = {(0,1,1,)(1,0,1)(0,0,-1)} y S_3 = {(2,2,3)(2,0,-1)(4,-1,0)}

50) Exprese los vectores
V = (7.-8,4), B = (-1,7,5) y C= (-1,-4,8)
como combinación lineal de cada una de las bases anteriores.

51) Sean : α_1= (1,0,-i) , α_2= (1 + i ,1 - i ,1) y α_3= (i, i, i) Demostrar que estos vectores forman una base de C^3.

52) Decidir si los vectores:
α_1= (1,1,2.4)
α_2= (2,-1,-5,2)
α_3= (1,-1,-4,0)
α_4= (2,1,1,6) son linealmente independientes en R.3

53) Demostrar que los siguientes vectores son lineal mente independientes.
a.)(1,1,1) ∧ (0,1,-2)
b.-)(2,-l) ∧ (1,0)

Serie Jelu-Ruemar. Profesora Scarlet C. Rueda M.

c.) (0,1,1) ,(0,2,1) ∧ (1,5 ,3)

54) Dado el vector X; Expresarlo como combinación lineal de A y B.

a.) X = (1,0), A= (1,1); B = (0,1)
b.) X = (4,3), A= (2,1); B = (-1,0)
c.) X= (1,1), A=(2,1); B=(-1,0)

55) Demostrar que los siguientes sub-conjuntos de R^2 forman sub-espacios.

a.) El conjunto de todo las (x, y) tales que x=y
b.) $W_1 = \{(x,y)/x-y= o\}$
c.) $W_2 = \{(x,y)/ x+ 4y = O \}$

56) Obtener el producto interno (escalar) para cada caso:

a.-) $\begin{pmatrix} 2 \\ -3 \\ 5 \end{pmatrix}, \begin{pmatrix} 2 \\ 1 \\ 3 \end{pmatrix}$

b.-) $\begin{bmatrix} i \\ 2i \\ -3 \end{bmatrix}, \begin{bmatrix} -3 \\ i \\ 2 \end{bmatrix}$

c.-) (6,2), (3,-1)
d.-) (4,3,0,-7),(2,-1,0,-6)
e.-) $\left(-\frac{1}{2},\frac{3}{4},\sqrt{2},\frac{1}{5}\right), \left(\sqrt{3},\sqrt{5},\frac{1}{7},-3\sqrt{2}\right)$
f.-) (2, i, -2i), (i,2, -3)
g.-) (x, y, z), (-x, -y, -z)
h.-) (2a, -5b), (a³-b/2)
i.-) (-6,5,2,1/3), $\left(-\frac{3}{2},\frac{1}{5},\frac{-1}{2},0\right)$

57) Decidir si los espacios vectoriales sobre R, dados a continuación tienen producto interno, en caso afirmativo aplique las desigualdades triangular y de Cauchy-Schwarz. a.) El Espacio $F^n = \{ \alpha =: \alpha = (x_1, \cdots, x_n), x_i \in \mathbb{R} \}$

b.) El espacio $F^2 = \{v: v_1 = (x_1, x_2), v_2 = (y_1, y_2) \in \mathbb{R}^2\}$ con
$(v_1|v_2) = x_1 y_1 - x_2 y_1 - x_1 y_2 + 4 x_2 y_2$.

c.-) $V=F^{nxn}$ el espacio de todas las matrices nxn sobre F, siendo V isomorfo a $F^{nx2} \ni (A|B)=\sum_{j,k} A_{j,k}B_{j,k}$

58) Sean $\alpha= (1,2)$, $\beta= (-1,1)$ .Considerando el producto interno sobre R , si $(\alpha|\gamma) = -1 \wedge (\beta|\gamma) = 3$. Hallar el valor de γ.

59) cuáles de las siguientes funciones T de R^2 en R^2 son transformaciones lineales
a.) $T(x_1, x_2) = (1 + x_1, x_2)$
b.) $T(x_1, x_2) = (x_2, x_1)$
c.) $T(x_1, x_2)= ((x_2)^2, x_2)$
d.) $T(x_1, x_2)= (senx_1, x_2)$
e.) $T(x_1, x_2) = (x_1 - x_2, 0)$

60) Determine cuáles de las siguientes aplicaciones F son lineales?
a.) $F:R^3 \to R^2$ definida por F(x, y, z) = (x, z)
b.) $F:R^4 \to R^4$ def. por: F(x) = -x
c.) $F: R^3 \to R^3$. Def. por: F{x} = x+ (0,-1,0)
d.) $F: R^2 \to R^2$ def. por: F (x, y) = (2x+ y, y)
e.) $F:R^2 \to R^2$. Def. por: F (x, y) = (y, x)
f.) $F: R^2 \to R^2$ def. por F (x, y) = (2x, y-x)
g.) $F: R^2 \to$ R def. por: F (x, y) = x• y

61) Si V es el espacio lineal sobre R generado por cosx; cos2x; cos3x.
En el conjunto de todas las funciones reales definidas en [0,1] probar que: la aplicación T definida en V por:
T(aCosx+bCos2x+cCos3x) = cCosx+aCos2x
es una transformación lineal.

62) Decidir cuáles de las siguientes aplicaciones son transformaciones lineales.
a.) $T:\mathbb{R}^2 \to \mathbb{R}^2$; definida por :T(x, y)= (-y,-x)
b.) $T: \mathbb{R}^2 \to \mathbb{R}^2$; definida por :T(x, y)=(0, αy) $\alpha \in R; \alpha\ fijo$
c.) $T:\mathbb{R}^3 \to \mathbb{R}^2$; definida por T(x, y, z) = (x^2+y^2 ,z)

d.) $T:\mathbb{R}^2 \to \mathbb{R}^2$; definida por $T(x, y) = (x-y, a)$ a mínimo real fijo
e.) $T:\mathbb{R} \to \mathbb{R}^3$; definida por $T(x) = (-2x, 7, 2x-3)$
f.) $T:\mathbb{R}^3 \to \mathbb{R}$; definida por $T(x, y, z) = x + y - z$
g.) $T:\mathbb{R}^2 \to \mathbb{R}^2$; definida por $T(x,y) = (x, \frac{y}{2})$

63) Decidir cuáles de los siguientes pares de vectores son ortogonales. Justifique su respuesta.
a.) (2,3), (-3,2)
b.) (-1,0,3), (-3,0,1)
c.) (½, 2), (-2, ½)
d.) (0,1), (1,0)
e.) $\left(\frac{-3}{5}x, 2x\right), \left(-2x, \frac{-3}{x}x\right)$
f.) $2x^2+3x-2; -2x^2-2$

64) Decidir cuáles de los siguientes vectores son ortonormales
a.) (0,1)
b.) (-1,0)
c.) (0,1,0)
d.) (0,0,1)
e.) (2- 3,-5 +$\left(\frac{1}{5}\right)^{-1}$
f.) (1,1)
g.) $\left(\frac{-1}{2}, \sqrt{\frac{3}{4}}\right)$
h.) $\left(\frac{3}{5}, \frac{1}{2}\right)$
i.) (1,1,0)

65) Encontrar bases ortogonales para los subespacios de R^4 generados por:
a.) (1,1,0,0) ;(1,-1,1); (-1,0,2,1)
b.) (1,2,1,0) ;(1,2,3,1)
c.) (-2,1,0,0); (1,0,1,0)

d.) $\alpha = (1,0,-1,1)$; $\beta = (2,3,1,2)$

66) Encontrar una base ortogonal para el espacio C^2 sobre C, si el producto está dado por:
a.) $(x|y) = x_1y_1 - ix_2y_1 - 2x_2y_1$
b.) $(x|y) = x_1y_2 + x_2y_1 + 4x_1y_1$

67) Determinar bases ortogonales del subespacio R^3, generado por los vectores A y B que se indican a continuación, con respecto al producto interno definido en cada caso:
a.) A = (1,1,1) B= (1,-1,2); $(x|y) = x_1y_1 + 2x_2y_1 + x_3y_3$
b.) A = (1,-1,4) B = (-1,1,3); $(x|y) = x_1y_1 - 3x_2y_2 + y_1x_3 + x_3y_2 - x_2y_3$

72) Obtener bases ortogonales para los sub espacios de R^3, , generados por los siguientes vectores:
a.) (1,1,-1) ;(1,0,1)
b.) (2,1,1) ;(1,3,-1)
c.) (0,1,0) ;(1,0,0) ;(0,0,1)
d.) (1,0,1); (1,1,1) ;(- 1,1,0)
e.) (3,0,4); (-1 0,1); (2,9,11)
f.) β_1 = (1,0,1) ; β_2 = (1,0,-1) ; β_3 = (0,3,4)

68) Considerando C^3 con el producto interno canónico. Hallar una base ortogonal para el subespacio generado por β_1 = (1,0,i) y β_2 = (2,1,1 + i)

69) Encontrar la matriz asociada, el núcleo y el recorrido de c/u de las siguientes transformaciones lineales:
a.) T (x, y, z) = (z, x - y, 2y+ z)
b.) T(x) = (3x, -x, ½)
c.) T (x, y, z) = x - 2y + z
d.) T (x, y) = (2x 3-y, z-3x, y+ z-x)
e.) T (x, y, z, w) = (x, -y,0,0)
f.) T (x, y, z, w) = (2y-3z, x + w-½, x-2w+ y)

70) Decidir cuáles de las siguientes funciones son transformaciones lineales, y obtenga su matriz asociada, núcleo e ImT en los casos afirmativos
a.) T (x, y, z) = (1 + z, x-y,2y + z)

Serie Jelu-Ruemar. Profesora Scarlet C. Rueda M.

b.) T $(x, y) = (x-y, \frac{y}{4}, y)$

c.) T$(x,y) = (\sqrt{y^4}, x-y)$

d.) T $(x, y, z) = (\frac{x-z}{2}, x^2, z - y)$

e.) T$(x, y, z) = (\frac{x}{2}, z-x, y)$

f.) T$(x,y) = (\frac{x-y}{2}; \frac{2x-y}{3})$

71) Cada una de las siguientes matrices está asociada a una transformación lineal de R^n en R^n. Escribirlas en términos de coordenadas.

a) $\begin{pmatrix} -3 & 0 & 1 \\ 0 & -1 & 0 \\ 1 & 2 & 1 \end{pmatrix}$

b) $\begin{pmatrix} 0 & -2 & 1 \\ 1 & 0 & -3 \end{pmatrix}$

c) $\begin{pmatrix} 1 & 2 \\ 0 & 3 \\ 7 & 4 \end{pmatrix}$

d) $\begin{pmatrix} -1 & 2 & 3 \\ 1 & 2 & -1 \\ 0 & 1 & 4 \end{pmatrix}$

e) $\begin{pmatrix} 0 & 2 & 3 \\ 1 & 2 & 0 \\ -1 & 0 & 3 \end{pmatrix}$

f) $\begin{pmatrix} 0 & 1 & 2 \\ 1 & -2 & -1 \\ -2 & 1 & 0 \end{pmatrix}$

g) $\begin{pmatrix} -3 & 4 & 1 \\ 0 & 2 & -1 \\ -1 & 0 & 0 \end{pmatrix}$

72) Determinar la matriz asociada con cada una de las siguientes aplicaciones lineales.

a.) F:$\mathbb{R}^2 \to \mathbb{R}^2$; definida por :F(x, y)= (3x,3y)

b.) F:$\mathbb{R}^4 \to \mathbb{R}^4$; definida por :F(x, y, z, w)=(x,y,0,0)

c.) F:$\mathbb{R}^n \to \mathbb{R}^n$; definida por F(x) = x

d.) F:$\mathbb{R}^n \to \mathbb{R}^n$; definida por F(x) = 7x

e.) F:$\mathbb{R}^4 \to \mathbb{R}^2$; definida por F(x, y, z, w) = (x, y)

f.) F:$\mathbb{R}^4 \to \mathbb{R}^3$; definida por F(x, y, z, w)=(x, y, z)

73) Sea obtener: T:$\mathbb{R}^2 \to \mathbb{R}^2$; definida por :T(x, y)= (-y, x)
a.) La matriz asociada en la base canónica de $\mathbb{R}^2$
b.) La matriz asociada de T en la base ordenada B = $\{\alpha_1, \alpha_2\}$ donde
α_1= (1,2) y
α_2 = (1,-1).

74) Sea T: $\mathbb{R}^3 \to \mathbb{R}^3$ definida por T(x_1, x_2, x_3) = ($3x_1 + x_3, -2x_1 + x_2, -x_1 + 2x_2 + 4x_3$) obtener : la matriz asociada a T en :
a.) La base ordenada canónica de R^3
b.) La base ordenada B = $\{\alpha_1, \alpha_2, \alpha_3\}$ donde
α_1= (1,0,-1) ;
α_2 = (1,0,0) y
α_3 = (1,1,1).

75) Obtener la matriz asociada de T: $R^3 \to R^2$ / T(x_1, x_2, x_3)= ($x_1 + x_2, 2x_3 - x_1$) en la base ordenada B= $\{\alpha_1, \alpha_2, \alpha_3\}$ con α_1= (1,0,-1); α_2 = (1,0,0) y α_3 = (1,1,1)

76) Sean L:$R^3 \to R^3$ las aplicaciones lineales definidas por:
a.) L (x, y, z) = (x-y, x+ z, x + y+ 2y)
b.) L (x, y, z) = (2x-y+ z, x + y,3x+ y+ z)
Obtener la matriz asociada a T en cada caso, en la base canónica.

77) Obtener la matriz asociada de T:$R^2 \to R^2$;T($x_1 + x_2, 2x_2 - x_1$)= (x_1, x_2) en la base ordenada B = $\{\alpha_1, \alpha_2\}$ donde $\alpha_1 = $ (0,1) y α_2= (1,0).

78) Sea V el espacio vectorial de las matrices 2x2.
V=$\left\{\begin{pmatrix} a & b \\ c & d \end{pmatrix}; a, b, c, d \in R\right\}$. Considérese la base
B =$\left\{\begin{pmatrix} 1 & 0 \\ 0 & 0 \end{pmatrix}, \begin{pmatrix} 1 & 0 \\ -1 & 0 \end{pmatrix}, \begin{pmatrix} 0 & 1 \\ -1 & 0 \end{pmatrix}, \begin{pmatrix} 1 & 1 \\ 1 & 1 \end{pmatrix}\right\}$
Encontrar el vector coordenado relativo a B de:
a) $\begin{pmatrix} -4 & 1 \\ 7 & -2 \end{pmatrix}$

b) $\begin{pmatrix} -5 & \frac{-11}{3} \\ 0 & 8 \end{pmatrix}$

c) $\begin{pmatrix} -2 & \frac{1}{2} \\ \frac{7}{2} & 1 \end{pmatrix}$

d) $\begin{pmatrix} 10 & \frac{2}{3} \\ 0 & -10 \end{pmatrix}$

79) Sea V= { P(x):P{x} = ax³+bx²+cx+ d; a,b,c,d ∈ R. Encontrar el vector coordenado de:

a.) -4x³+3x²-2x +7 respecto a B_1= {1,x - 1,(x - 1)²,(x -1)}
b.) 7x²-5x + 2 respecto a B_1
c.) P(x) = 2x²+2x + 1 respecto a B_2= {x²,x - 1,1}
d.) Q(x) = 3x²+1 respecto a B_3={1 ,x +l,x²- 1}
e.) R(x) = 5 respecto a B_4= {x² ,x,2}
f.) S(x)=x²+x+l respecto a B_5= {(x-2)²,(x- 2),1}
g.) T(x) = 5x²-7x+2 respecto a B_6 = {1,x-l,(x-1)²}
h.) M(x) = -x+ 1 respecto a B_6, B_3, B_4, B_5
i.) V(x) =-3x²+5 respecto a B_6, B_1, B_2, B_5

80) Obtener el rango de cada una de las siguientes matrices.

$A = \begin{bmatrix} 2 & 3 & 1 \\ 3 & 5 & 6 \\ 7 & 11 & 8 \end{bmatrix}$
$B = \begin{bmatrix} 2 & 5 \\ 2 & 10 \end{bmatrix}$
$C = \begin{bmatrix} -1 & 5 & -2 \\ 8 & 2 & 10 \\ 0 & -1 & 3 \end{bmatrix}$

$D = \begin{bmatrix} 1 & 3 & 4 \\ 3 & 2 & 5 \\ 7 & 1 & 3 \end{bmatrix}$
$E = \begin{bmatrix} -2 & 5 & -1 \\ 5 & 1 & 4 \\ 3 & -1 & 0 \end{bmatrix}$

$F = \begin{bmatrix} 1 & 4 & 2 \\ 7 & 0 & 1 \end{bmatrix}$
$G = \begin{bmatrix} 4 & -6 & 12 \\ 5 & -2 & 35 \\ 3 & -1 & 7-2 \end{bmatrix}$

$H = \begin{bmatrix} 3 & -1 & 6 \\ 2 & 0 & 4 \end{bmatrix}$

$I = \begin{bmatrix} 3 & 1 & 1 & 1 \\ -2 & 4 & 3 & 2 \\ -1 & 9 & 7 & 3 \\ 7 & 4 & 2 & 1 \end{bmatrix}$
$J = \begin{bmatrix} 6 & 9 \\ 2 & 3 \\ 1 & 1 \\ 0 & 3 \end{bmatrix}$

81) Encuentre la matriz de transición de la base canónica de F^4 a la base

$$B = \left\{ \begin{pmatrix} 1 \\ 1 \\ 0 \\ 1 \end{pmatrix}, \begin{pmatrix} 1 \\ 0 \\ 1 \\ 1 \end{pmatrix}, \begin{pmatrix} 0 \\ 1 \\ 0 \\ -2 \end{pmatrix}, \begin{pmatrix} 0 \\ 0 \\ 1 \\ 2 \end{pmatrix} \right\}$$

82) Hallar la matriz de cambio de base
a.) respecto a B, B'
b.) respecto a B', B
En cada uno de los siguientes casos
1-) B = {(1,1),(1,0)} y B'= {(0,1),(1,1)} en R^2
2-) B = {(2,3,1),(1,2,0),(2,0,3)} y B'= {(1,0,0),(0,1,0),(0,0,1)} en R^3
3-) B={(1,0,1),(1,1,0)(0,1,1)} y B'={(0,1,1),(1,1,0),(1,0,1)} en R^4
4-) B={(1,1,1,1)(1,1,1,0)(1,1,0,0)(1,0,0,0)} y la base ordenada canónica B'= E para R^4.

Referencias bibliográficas.

-) BERNARDO, Kolman. **Algebra Lineal**. Editorial Iberoamericana.
-) DE LA OPEN UNIVERSITY DE LONDRES. Introducción **al cálculo y al algebra**.vol.3. Editorial Reverte.
-) FRALEIGH BEAURE, Gard. **Algebra Lineal**. Iberoamericana.
-) GALLOP, Cesar. **Matemática**. Tomo III. F.C.U.
-) HARVEY, Gerber. **Algebra Lineal**. Grupo editorial Iberoamericana.
-) HERSTEIN, I y WINTER, David S. **Algebra Lineal y Teoría de Matrices.**
-) HOWARD, Antón. **Introducción al Algebra Lineal**. Limusa. Grupo Noriega Editores.
-) SERGE, Lang. **Algebra Lineal**. Fondo Educativo Iberoamericano.
-) SEYMOUR, Lipschutz. **Algebra Lineal**. Serie Schaum.

copyright
Todos los derechos reservados

©2019 **1912032611750**

Primera edición.

www.ingramcontent.com/pod-product-compliance
Lightning Source LLC
Chambersburg PA
CBHW070816220526
45466CB00002B/681